DIN

Ulrike Kleiner,
Thomas Reiche,
Roland Sohmen

Reinigung und Desinfektion

Kommentar der DIN 10516 und DIN 10546

1. Auflage 2022

Herausgeber:
DIN Deutsches Institut für Normung e. V.

Beuth Verlag GmbH · Berlin · Wien · Zürich

Herausgeber: DIN Deutsches Institut für Normung e. V.

© 2022 Beuth Verlag GmbH
Berlin · Wien · Zürich
Am DIN-Platz
Burggrafenstraße 6
10787 Berlin

Telefon: +49 30 2601-0
Telefax: +49 30 2601-1260
Internet: www.beuth.de
E-Mail: kundenservice@beuth.de

Satz: Beuth Verlag GmbH, Berlin

Druck: LEYKO, Kraków

Gedruckt auf säurefreiem, alterungsbeständigem Papier nach DIN EN ISO 9706

ISBN 978-3-410-30849-2
ISBN (E-Book) 978-3-410-30850-8

Reinigung und Desinfektion – Kommentar der DIN 10516 und der DIN 10546

Jetzt diesen Titel zusätzlich als E-Book downloaden und 70 % sparen!

Als Käufer dieses Buchtitels haben Sie Anspruch auf ein besonderes Kombi-Angebot: Sie können den Titel zusätzlich zum Ihnen vorliegenden gedruckten Exemplar für nur 30 % des Normalpreises als E-Book beziehen.

Der BESONDERE VORTEIL: Im E-Book recherchieren Sie in Sekundenschnelle die gewünschten Themen und Textpassagen. Denn die E-Book-Variante ist mit einer komfortablen Volltextsuche ausgestattet!

Deshalb: Zögern Sie nicht. Laden Sie sich am besten gleich Ihre persönliche E-Book-Ausgabe dieses Titels herunter.

In 3 einfachen Schritten zum E-Book:

❶ Rufen Sie die Website **www.beuth.de/e-book** auf.

❷ Geben Sie hier Ihren persönlichen, nur einmal verwendbaren E-Book-Code ein:

308496K61FCCDF6

❸ Klicken Sie das „Download-Feld“ an und gehen dann weiter zum Warenkorb. Führen Sie den normalen Bestellprozess aus.

Hinweis: Der E-Book-Code wurde individuell für Sie als Erwerber dieses Buches erzeugt und darf nicht an Dritte weitergegeben werden. Mit Zurückziehung dieses Buches wird auch der damit verbundene E-Book-Code für den Download ungültig.

Autorenporträts

Professorin (i. R.) Dr. med. vet. Dr. habil. Ulrike Kleiner

Mitglied im Arbeitskreis NA 057-02-01-11 AK „Reinigung und Desinfektion" des Arbeitsausschusses NA 057-02-01 AA „Lebensmittelhygiene" im DIN-Normenausschuss Lebensmittel und landwirtschaftliche Produkte (NAL)

Prof. Dr. med. vet. habil. Ulrike Kleiner war bis 2015 Professorin für Haushaltshygiene und Leiterin eines akkreditierten mikrobiologischen Prüflabors an der Hochschule Anhalt in Bernburg; danach erhielt sie dort einen Lehrauftrag. Sie ist Fachtierärztin für Mikrobiologie und Fachtierärztin für Tierhygiene und hat sich auf dem Fachgebiet der Hygiene (Desinfektionsmittelentwicklung) habilitiert; Professorin Kleiner ist im Bereich der Lebensmittel- und Betriebshygiene als Dozentin in der Aus- und Weiterbildung sowie beratend tätig (Hygieneconsult Prof. Kleiner). Sie ist Autorin zahlreicher Veröffentlichungen sowie Herausgeberin bzw. Mitautorin verschiedener Fachbücher.

Dr. med. vet. Thomas Reiche

Vorsitzender des Arbeitskreises NA 057-02-01-11 AK „Reinigung und Desinfektion" des Arbeitsausschusses NA 057-02-01 AA „Lebensmittelhygiene" im DIN-Normenausschuss Lebensmittel und landwirtschaftliche Produkte (NAL)

Dr. med. vet. Thomas Reiche ist Fachtierarzt für Lebensmittelhygiene und Fachtierarzt für Öffentliches Veterinärwesen (Amtstierarzt). Er war von 1983 bis 2018 Lebensmittel-Sachverständiger der Bundeswehr, dort u. a. Verwendungen als leitender Lebensmittelhygieniker der Bundeswehr und als Referent Veterinärwesen im Bundesministerium der Verteidigung sowie bis zur Pensionierung in der Leitung des Zentralen Institutes der Bundeswehr in Koblenz und als Abteilungsleiter Veterinärmedizin tätig. Thomas Reiche war bis 2018 Mitglied und stellvertretender Vorsitzender der Hygienekommission des BfR. Er ist Vorsitzender und Mitglied in zahlreichen Arbeitskreisen von DIN und ehrenamtlicher Experte des DIN-Verbraucherrates.

Dr. rer. nat. Roland Sohmen

Mitglied im Arbeitskreis NA 057-02-01-11 AK „Reinigung und Desinfektion" des Arbeitsausschusses NA 057-02-01 AA „Lebensmittelhygiene" im DIN-Normenausschuss Lebensmittel und landwirtschaftliche Produkte (NAL) und Projektleiter DIN 10546 Lebensmittelhygiene – Überprüfung der Reinigungs- und Desinfektionswirkung auf Oberflächen mittels Spülverfahren

Dr. rer. nat. Roland Sohmen ist als wissenschaftlicher Mitarbeiter bei der Berufsgenossenschaft für Nahrungsmittel und Gaststätten tätig mit Schwerpunkt im Arbeits- und Gesundheitsschutz in seiner Funktion als Leiter des Labors Mikrobiologie sowie als Koordinator für biologische Arbeitsstoffe und Mitarbeiter in Gremien der Deutschen Gesetzlichen Unfallversicherung (DGUV, Fachbereich Nahrungsmittel), im Koordinierungsausschuss für biologische Arbeitsstoffe (KOBAS) und als Mitglied UA-1 im Ausschuss für Biologische Arbeitsstoffe (ABAS).

Vorwort

Reinigung und Desinfektion sind grundlegende Hygienemaßnahmen in jedem Lebensmittelunternehmen. Sie wurden schon immer als wichtiger Eckpfeiler der Lebensmittelhygiene angesehen. Daher wurde bereits 2001 die DIN 10516 *Lebensmittelhygiene – Reinigung und Desinfektion* mit der Zielsetzung veröffentlicht, zur Planung und Durchführung dieser Hygienemaßnahmen allen lebensmittelverarbeitenden Betrieben wissenschaftlich fundierte, normative Grundlagen zur Verfügung zu stellen. Darüber hinaus arbeiteten Gebäudereiniger und andere Servicedienstleister schon damals an der Normerstellung mit.

Die DIN 10516 besteht seit Januar 2001. Sie wurde in den Jahren 2006 und 2009 aktualisiert und im Jahr 2019 startete eine weitere grundlegende Überarbeitung, die mit der hier vorliegenden Ausgabe vom Oktober 2020 beendet wurde. Diese Ausgabe liegt dieser Kommentierung zugrunde.

Bei der Aktualisierung der DIN 10516 fiel auf, dass zur mikrobiologischen Erfolgskontrolle u.a. auch als Probenahmeverfahren die Spülmethode empfohlen wird. Bis dato gab es aber noch keine konkreten Empfehlungen dafür. Daher wurde beschlossen, in einer weiteren Norm zu beschreiben, welche Anforderungen an Spülverfahren zur speziellen Überprüfung des Erfolgs von Reinigungs- und Desinfektionsmaßnahmen zu stellen sind.

Die Normungsarbeit zur DIN 10546 *Lebensmittelhygiene – Überprüfung der Reinigungs- und Desinfektionswirkung auf Oberflächen mittels Spülverfahren* wurde im November 2021 abgeschlossen und dem Arbeitsausschuss zur Erhebung des Entwurfs zur Norm zugeleitet. Diese Erstausgabe 2022 liegt diesem Kommentar zugrunde.

Wir hoffen, mit den Normen und unseren Kommentaren einen guten Beitrag zur Gestaltung und Ausführung der Basishygienemaßnahmen Reinigung und Desinfektion geben zu können.

Danksagung

Unser besonderer Dank gilt Frau Sibylle Herbst, die als DIN-Geschäftsführerin im Arbeitskreis nicht nur die Protokollierung der Sitzungen vorgenommen hat, sondern in der Normungsarbeit stets die Vorgaben der Normungsarbeit von DIN mit einbrachte und so zu der Gestaltung dieser Norm wesentlich beitrug.

Prof. Dr. Kleiner Dr. Reiche Dr. Sohmen

Inhaltsverzeichnis

Teil I – DIN 10516 Lebensmittelhygiene – Reinigung und Desinfektion 1

Einleitung zum Kommentar der DIN 10516:2020-10 3

Kommentar zur DIN 10516 5

Vorwort 5

Einleitung 5

1 Anwendungsbereich 6

2 Normative Verweisungen 6

3 Begriffe 8

4 Anforderungen 20
4.1 Allgemeines 20
4.2 Reinigungsverfahren 23
4.3 Desinfektionsverfahren 29
4.4 Verfahren zur Händehygiene 33
4.5 Gestaltung und Werkstoffbeschaffenheit von Anlagen und Oberflächen 37
4.6 Entfernung der Reinigungs- und Desinfektionsmittel 38

5 Zusätzliche Anforderungen 39
5.1 Reinigungsmittel 39
5.2 Desinfektionsmittel 40
5.3 Handhabung und Lagerung von Mitteln zur Reinigung und Desinfektion 41

6 Erstellen eines Reinigungs- und Desinfektionsplans 45

7 Kontrolle der Wirksamkeit von Reinigung und Desinfektion 46
7.1 Allgemeines 46
7.2 Prüfung der Reinigungswirkung 46
7.3 Prüfung der Desinfektionswirkung 47
7.4 Überprüfung der Reinigungs- und Desinfektionswirkung von Prozessen in Geschirr und Gläserspülmaschinen und des Hygienezustands des Spülgutes 50
7.5 Überprüfung der Reinigungs- und Desinfektionswirkung von Prozessen in Spülmaschinen für Mehrwegkästen und Mehrwegbehältnisse (MKB) und des Hygienezustandes des Spülgutes. 52

8 Kontrollen auf Reinigungs- und Desinfektionsmittelrückstände .. 52
8.1 Allgemeines ... 52
8.2 Oberflächen ... 54
8.3 Spülwasser ... 55
9 Reinigung, Pflege und Wartung der Reinigungs- und Desinfektionsgeräte sowie Reinigungsutensilien ... 56
10 Schulung ... 57
11 Dokumentation ... 58
Anhang A (informativ) Beispiel für einen Reinigungs- und Desinfektionsplan 60
Anhang B (informativ) Reinigung und Desinfektion in Lebensmittelbetrieben 61
Literaturhinweise ... 70

Teil II – DIN 10546 Lebensmittelhygiene – Überprüfung der Reinigungs- und Desinfektionswirkung auf Oberflächen mittels Spülverfahren ... 73
Einleitung und Zielsetzung der DIN 10546:2022-03 ... 75
Kommentar zur DIN 10546 ... 77
Vorwort ... 77
Einleitung ... 77
1 Anwendungsbereich ... 78
2 Normative Verweisungen ... 79
3 Begriffe ... 80
4 Abkürzungen ... 82
5 Einsatzbereich von Spülverfahren und deren Durchführung ... 82
5.1 Allgemeines ... 82
5.2 Auswahl-/Leistungskriterien der anzuwendenden Verfahren ... 84
6 Durchführung eines Spülverfahrens ... 89
6.1 Prinzip ... 89
6.2 Verbrauchsmaterialien, Reagenzien, Nährmedien und Geräte ... 90
6.3 Probenahme ... 91
Anhang A (informativ) Probenahmetechniken ... 95
Literaturhinweise ... 96

Teil I –
DIN 10516 Lebensmittelhygiene – Reinigung und Desinfektion

Einleitung zum Kommentar der DIN 10516:2020-10

Reinigung und Desinfektion gehören zu den Basishygienemaßnahmen. Sie gelten als Grundlage für eine Gute Hygienepraxis in jedem Lebensmittelbetrieb und sind eine wichtige Säule im Management der Lebensmittelsicherheit.

Fehler in der Durchführung dieser Hygienemaßnahmen können schwerwiegende Folgen für die Lebensmittelsicherheit der Produkte haben. Dabei können sowohl mikrobiologische als auch chemische Risiken entstehen. Daher ist Wert darauf zu legen, dass Reinigungs- und Desinfektionsmaßnahmen stets korrekt ausgeführt werden. Unabdingbar dafür ist eine auf den Lebensmittelbetrieb abgestimmte Planung des Reinigungs- und Desinfektionsverfahrens. Das betrifft deren exakte Beschreibung einschließlich anzuwendender Mittel und Technik sowie die Fixierung der Zeitpunkte, wann die Reinigung und Desinfektion durchgeführt werden soll.

Außerdem sind diese Maßnahmenpläne maßgeblich für die Einteilung des Personals und die Einweisung am Arbeitsplatz sowie ggf. auch Grundlage eines Vertrages mit einem Dienstleister bei Fremdvergabe.

Diese individuelle Anpassung an den jeweiligen Betrieb liegt im Verantwortungsbereich jedes einzelnen Lebensmittelunternehmers. Die DIN 10516 gibt zur Ausgestaltung die notwendige Hilfestellung.

Den Erfolg der Reinigung kann man alltäglich schon visuell erkennen. Das Ziel der mikrobiologischen Sauberkeit bzw. der Erfolg einer mikrobiologischen Reinheit nach Desinfektion ist allerdings nur durch eine mikrobiologische Kontrolle zu ermitteln. Derartige Prüfverfahren gehören heute gleichfalls zum geforderten Standard der Basishygienemaßnahmen. Sie sind daher in der DIN 10516 mit dargestellt. Auch die abschließende Bewertung der Kontrollen und die dazugehörige Dokumentation sind Teil dieser Norm und werden im Kommentar mit erläutert.

Kommentar zur DIN 10516

Vorwort

Dieses Dokument wurde vom Arbeitskreis NA 057-02-01-11 AK „Reinigung und Desinfektion“ des Arbeitsausschusses NA 057-02-01 AA „Lebensmittelhygiene“ im DIN-Normenausschuss Lebensmittel und landwirtschaftliche Produkte (NAL), erarbeitet.

Es wird auf die Möglichkeit hingewiesen, dass einige Elemente dieses Dokuments Patentrechte berühren können. DIN ist nicht dafür verantwortlich, einige oder alle diesbezüglichen Patentrechte zu identifizieren.

Aktuelle Informationen zu diesem Dokument können über die Internetseiten von DIN (www.din.de) durch eine Suche nach der Dokumentennummer aufgerufen werden.

Änderungen

Gegenüber DIN 10516:2009-05 wurden folgende Änderungen vorgenommen:

a) Abschnitt 2 „Normative Verweisungen“ aktualisiert und ergänzt;

b) Abschnitt 3 bis Abschnitt 11 überarbeitet;

c) Tabelle 4 und Tabelle 5 gestrichen;

d) Anhang A überarbeitet;

e) Anhang B überarbeitet;

f) Abschnitt „Literaturhinweise“ aktualisiert;

g) Norm redaktionell überarbeitet.

Einleitung

Das vorliegende Dokument steht im Zusammenhang mit der Verordnung (EG) Nr. 852/2004. Das Dokument dient zur Orientierung und hat zum Ziel, die Einhaltung von hygienisch einwandfreien Bedingungen beim Umgang mit Lebensmitteln zu erleichtern. Es legt Anforderungen zum vorbeugenden Gesundheitsschutz des Verbrauchers und der Lebensmittelsicherheit fest. Für die Reinigung und Desinfektion ist der jeweilige Lebensmittelunternehmer verantwortlich. In diesem Sinne ist das Dokument zur Thematik „Reinigung und Desinfektion“ als eine mögliche Handlungsanleitung zu verstehen, der Verpflichtung zur Reinigung und Desinfektion nachzukommen.

Es dient dazu, den Umfang und die Inhalte angemessener Reinigungs- und Desinfektionsmaßnahmen zu erkennen, einzuleiten und umzusetzen. Das Dokument ist allgemein für alle Branchen der Lebensmittelwirtschaft formuliert. Reinigungs- und Desinfektionsmaßnahmen sind jedoch ganz auf die jeweiligen betrieblichen Gegebenheiten und die Art der Produkte und Prozesse abzustellen. Dieses Dokument kann dabei Hilfestellung geben.

Anhang A und Anhang B sind informativ.

1 Anwendungsbereich

Dieses Dokument ist anzuwenden für die Reinigung und Desinfektion von Oberflächen von Räumen, Vorrichtungen und Geräten in Betriebsstätten des Lebensmittelbereiches und dient als eine Hilfestellung bei der Auswahl und Durchführung geeigneter Maßnahmen zur Reinigung und Desinfektion. Das Dokument dient als Anleitung für die Planung und Durchführung der Reinigung und Desinfektion in Betrieben, die Lebensmittel herstellen, behandeln und/oder in den Verkehr bringen.

Ein wichtiges Element des Hygienemanagements ist heute die korrekte, vorausschauende Planung der Basishygienemaßnahmen, deren Fixierung in Plänen, die den Mitarbeitern Anweisungen zur Durchführung geben und die auch die Grundlage für die geforderten Kontrollen der Wirksamkeit der Hygienemaßnahmen darstellen. Diesen Punkten wurde in der aktualisierten Ausgabe Rechnung getragen.

2 Normative Verweisungen

Die folgenden Dokumente werden im Text in solcher Weise in Bezug genommen, dass einige Teile davon oder ihr gesamter Inhalt Anforderungen des vorliegenden Dokuments darstellen. Bei datierten Verweisungen gilt nur die in Bezug genommene Ausgabe. Bei undatierten Verweisungen gilt die letzte Ausgabe des in Bezug genommenen Dokuments (einschließlich aller Änderungen).

In Bezug genommen bedeutet, dass die Quellen wörtlich zitiert werden und/ oder inhaltlich umgesetzt werden. Ist dies der Fall, so steht die verwendete Quelle unmittelbar hinter dem Begriff / der Textpassage. Es ist darauf zu achten, dass bei datierten Verweisen die Formulierung exakt dieser Ausgabe zitiert wird und Änderungen des Quelltextes nach der Veröffentlichung der Norm für diese nicht zu berücksichtigen sind.

Bei undatierten Verweisen hingegen soll stets die jeweils gültige rechtliche Anforderung gelten.

DIN 10113-1, *Bestimmung des Oberflächenkeimgehaltes auf Einrichtungs- und Bedarfsgegenständen entlang der Lebensmittelkette – Teil 1: Quantitatives und semiquantitatives Tupferverfahren*

DIN 10113-2, *Bestimmung des Oberflächenkeimgehaltes auf Einrichtungs- und Bedarfsgegenständen im Lebensmittelbereich – Teil 2: Semiquantitatives Tupferverfahren*

DIN 10113-3, *Bestimmung des Oberflächenkeimgehaltes auf Einrichtungs- und Bedarfsgegenständen im Lebensmittelbereich – Teil 3: Semiquantitatives Verfahren mit nährbodenbeschichteten Entnahmevorrichtungen (Abklatschverfahren)*

DIN 10503, *Lebensmittelhygiene – Begriffe*

DIN 10510, *Lebensmittelhygiene – Gewerbliches Geschirrspülen mit Mehrtank-Transportgeschirrspülmaschinen – Hygienische Anforderungen, Verfahrensprüfung*

DIN 10511, *Lebensmittelhygiene – Gewerbliches Gläserspülen mit Gläserspülmaschinen – Hygienische Anforderungen, Prüfung*

DIN 10512, *Lebensmittelhygiene – Gewerbliches Geschirrspülen mit Eintank-Geschirrspülmaschinen – Hygienische Anforderungen, Typprüfung*

Zu den Hygieneanforderungen an gewerbliche Geschirrspülmaschinen liegt auf europäischer Ebene ein Normentwurf vor (prEN 17735), der sich in der abschließenden Kommentierung befindet. Mit Erscheinen werden die nationalen Normen überarbeitet und ggf. ganz oder teilweise zurückgezogen.

DIN 10514, *Lebensmittelhygiene – Hygieneschulung*

DIN 10522, *Lebensmittelhygiene – Gewerbliches maschinelles Spülen von Mehrwegkästen und Mehrwegbehältnissen für unverpackte Lebensmittel – Hygieneanforderungen, Prüfung*

DIN 10528, *Lebensmittelhygiene – Anleitung für die Auswahl von Werkstoffen für den Kontakt mit Lebensmitteln – Allgemeine Grundsätze*

DIN EN 1672-2:2009-07, *Nahrungsmittelmaschinen – Allgemeine Gestaltungsleitsätze – Teil 2: Hygieneanforderungen; Deutsche Fassung EN 1672-2:2005+A1:2009*

DIN EN ISO 14159, *Sicherheit von Maschinen – Hygieneanforderungen an die Gestaltung von Maschinen*

DIN EN ISO 18593, *Mikrobiologie der Lebensmittelkette – Horizontales Verfahren für Probenahmetechniken von Oberflächen*

Verordnung über die Qualität von Wasser für den menschlichen Gebrauch (Trinkwasserverordnung – TrinkwV) vom 10. März 2016, BGBl I, 2016, Nr. 12, S. 459–491[1]

Verordnung zur Neufassung der Gefahrstoffverordnung und zur Änderung sprengstoffrechtlicher Verordnungen, Art. 1 Verordnung zum Schutz vor Gefahrstoffen (Gefahrstoffverordnung – GefStoffV) vom 26. November 2010, BGBl I, 2010, Nr. 59, S. 1643–1692[1]

Verordnung über Anforderungen an die Hygiene beim Herstellen, Behandeln und Inverkehrbringen von Lebensmitteln (Lebensmittelhygiene-Verordnung – LMHV) vom 21. Juni 2016, BGBl I, 2016, Nr. 29, S. 1469–1477[1]

Verordnung (EG) Nr. 852/2004 des Europäischen Parlaments und des Rates vom 29. April 2004 über Lebensmittelhygiene, ABl EU, 2004, Nr. L 226, S. 3–211

3 Begriffe

Für die Anwendung dieses Dokuments gelten die Begriffe nach DIN 10503 und die folgenden Begriffe.

DIN und die Deutsche Kommission Elektrotechnik Elektronik Informationstechnik (DKE) stellen terminologische Datenbanken für die Verwendung in der Normung unter den folgenden Adressen bereit:

- DIN-TERMinologieportal: verfügbar unter https://www.din.de/go/din-term
- DKE-IEV: verfügbar unter http://www.dke.de/DKE-IEV

1 Nachgewiesen in der DITR-Datenbank der DIN Software GmbH, zu beziehen bei: Beuth Verlag GmbH, 10772 Berlin.

3.1

Verschmutzung

jede unerwünschte Substanz, einschließlich Produktreste, Mikroorganismen, Reinigungs- oder Desinfektionsmittelrückstände

[QUELLE: DIN EN 1672-2:2009-07, 3.18]

Verschmutzungen können organischer oder anorganischer Art sein. Zu den organischen Verunreinigungen gehören Lebensmittelreste, petroleum- oder ölhaltige Auflagen (z. B. Schmierstoffe) und weitere Ablagerungen wie z. B. von Fetten.

Die Hauptverschmutzungen von Bedarfsgegenständen, Flächen und Geräten stammen bei deren Benutzung von den verarbeiteten Lebensmitteln selbst; sie können je nach Lebensmittelart aus Eiweißen (z. B. Fleisch, Milch, Käse, Eier), Fetten (z. B. tierisches Fett, pflanzliches Fett) oder Kohlenhydraten (z. B. Obst, Gemüse) bestehen. Bei der Verarbeitung von Agrarerzeugnissen und rohen tierischen Produkten, insbesondere Fleisch, kommt es auch zur Kontamination der Arbeitsgeräte und Flächen mit dort vorkommenden Mikroorganismen, die sich sehr gut in den Resten von Eiweißen und Kohlenhydraten vermehren können.

Alle Verschmutzungen müssen wieder entfernt werden, um die herzustellenden Lebensmittel und Speisen vor nachteiliger Beeinflussung (insbesondere Verderb) zu schützen. Dabei ist aber auch darauf zu achten, dass die bei der Durchführung der Hygienemaßnahmen *Reinigung und Desinfektion* eingesetzten Chemikalien mit dem abschließenden Nachspülgang gleichfalls möglichst rückstandsfrei wieder entfernt werden.

3.2

Kontamination

das Vorhandensein oder das Hereinbringen einer Gefahr

Anmerkung 1 zum Begriff: Gemäß der Verordnung (EG) Nr. 852/2004, Anhang II, Kapitel IX, Nr. 3 sind Lebensmittel auf allen Stufen der Erzeugung, der Verarbeitung und des Vertriebs vor Kontaminationen zu schützen, die sie für den menschlichen Verzehr ungeeignet oder gesundheitsschädlich machen bzw. derart kontaminieren, dass ein Verzehr in diesem Zustand nicht zu erwarten wäre. Siehe dazu auch Verordnung (EG) Nr. 852/2004, Anhang II, Kapitel I und V.

Anmerkung 2 zum Begriff: Eine solche Gefahr kann durch Mikroorganismen, Verunreinigungen, Witterungseinflüsse, Gerüche, Temperaturen, Gase, Dämpfe, Rauch, Aerosole, tierische Schädlinge, menschliche und tierische Ausscheidungen sowie durch Abfälle, Abwässer, Reinigungsmittel, Pflanzenschutzmittel, Tierarzneimittel, Biozid-Produkte oder ungeeignete Behandlungs- und Zubereitungsverfahren entstehen gemäß Lebensmittelhygiene-Verordnung (LMHV), § 2.

[QUELLE: Verordnung (EG) Nr. 852/2004, modifiziert — Anmerkung 1 und 2 wurden zum Begriff hinzugefügt]

Eine Kontamination kann aus sehr unterschiedlichen Herkünften und Ursachen herrühren. Als Substanz kommen alle in Anmerkung 2 aufgeführten Quellen wie Schmutz, Luftverunreinigungen aus der Umwelt, Schädlinge sowie aus nicht ausreichend gereinigten Flächen, Arbeitsutensilien und Geräte oder Einträge von Glasbruch oder Metallteilen während der Produktion infrage. Auch die rohen Zutaten können per se schon kontaminiert sein und zu einer Kontamination führen.

Die Gefahren durch Kontamination entstehen in erster Linie durch unerwünschte Mikroorganismen, wie die Herstellung gefährdende Keime und solche, die als Krankheitserreger eingestuft sind.

Beispiele dafür sind Wildhefen, die zu einer Fehlgärung führen und so als Endprodukt Methanol und andere giftige Stoffwechselprodukte in einem Lebensmittel anreichern. Bei der Ernte von Feldfrüchten, Blattgewürzen und Kräutern führen anhaftende Erde oder Tiere und deren Ausscheidungen zu Kontaminationen. So führt eine Kontamination von Gewürzen mit Salmonellen und *E. coli*-Keimen u. U. zu einer Kontamination von Speisen, die dann zu einer gefährlichen Keimvermehrung in den Produkten führen können.

Die Kontamination von Fleisch während der Schlachtung und Gewinnung führt ggf. zur Einschleppung pathogener Mikroorganismen oder Parasiten und ist so primär bereits eine Gefahr, kann aber später auch über die Kontamination von anderen Lebensmitteln und Bedarfsgegenständen in der Küche zu einer Keimverschleppung führen, die wiederum eine Kontaminationsquelle darstellt.

Auch chemische Kontaminationen, z. B. aus der Umwelt durch Pestizide in der Landwirtschaft, aus der (Ab-)Luft der Industrie durch *fall out* und chemische Verunreinigung von Oberflächenwasser und Fließgewässern sowie dem Einsatz von chemischen Substanzen wie Reinigungsmitteln, Desinfektionsmitteln und Schmierstoffen kommen infrage.

Schließlich fallen unter den Begriff der Kontamination auch solche Rohstoffe und Pflanzenteile, die als Lebensmittelinhaltsstoffe natürlich vorkommen können oder mit pflanzlichen Lebensmitteln eingebracht werden und sensibilisierende Wirkungen haben.

Nüsse, Sellerie und Senfsaaten sind Beispiele für allergenhaltige Zutaten, die für empfindliche Menschen eine große Gefahr darstellen. Daher ist bei der Verarbeitung in der Produktionsstätte darauf zu achten, dass solche Inhaltsstoffe nicht durch mangelhaft gereinigte Anlagen, Maschinen und Geräte bei wechselnder Produktion in andere Lebensmittel verschleppt werden.

3.3

Reinigung

Entfernung von Verschmutzungen

[QUELLE: DIN EN 1672-2:2009-07; 3.5]

Die Basishygienemaßnahme *Reinigung* ist die Grundvoraussetzung jeder Produktion von Lebensmitteln.

Hierdurch werden alle Verschmutzungen wieder entfernt, sodass die gereinigten Objekte anschließend als sauber (siehe Abschnitt 3.7) zu bezeichnen sind.

Durch die Reinigung werden Maschinen, Geräte und Einrichtungen sowie Arbeitsutensilien überhaupt erst wieder für eine erneute Lebensmittelproduktion verwendbar. Darüber hinaus sind saubere Flächen die Grundvoraussetzung für eine wirksame Desinfektion.

Die Reinigung kann z. B. ein einfaches „besenrein" als Entfernung von grobem Schmutz (Trockenreinigung) darstellen oder eine Nassreinigung mit Einsatz von Wasser, ggf. unter Verwendung von Reinigungsmitteln, sein.

Bei fest haftenden Verschmutzungen kann es erforderlich sein, eine mechanische Reinigung mittels Bürsten, Schrubbern, Schwämmen oder Lappen in Kombination mit einer Nassreinigung durchzuführen.

Chemische Substanzen in unterschiedlichen Reinigungsmitteln dienen hierbei als Hilfe, um Verunreinigungen von Oberflächen zu lösen und damit die Voraussetzung für deren Entfernung mittels einer Nassreinigung zu schaffen.

Neben der Reinigung von Gegenständen, Geräten und Flächen kann auch, weitergedacht, eine Luftreinigung einer Produktionsstätte, z. B. durch geeignete Filteranlagen, infrage kommen.

3.4

Reinigungsmittel

Detergenz und/oder chemisches Mittel, das dazu beiträgt, Verschmutzungen zu entfernen

Anmerkung 1 zum Begriff: Siehe Verordnung (EG) Nr. 648/2004 über Detergenzien.

Chemische Reinigungsmittel werden benötigt, um den Reinigungsprozess zu unterstützen und eine bessere Wirksamkeit zu erreichen. Insbesondere Eiweiße, Kohlenhydrate, Fette und Kalkreste können bei einer Nassreinigung allein nur mit Wasser nicht ausreichend gelöst und beseitigt werden.

Reinigungsmittel enthalten daher chemische Substanzen, die Fett oder Eiweiß lösen, um diese Substanzen dann mit dem Wasser der Reinigungslösung von der Oberfläche abzuspülen. Detergenzien (Tenside) sind solche Stoffe im Reinigungsmittel, die einen Reinigungsprozess erleichtern, indem sie die Grenzflächenspannungen zwischen der zu reinigenden Oberfläche, dem Schmutz und dem Lösemittel Wasser herabsetzen. Das ist insbesondere bei fettigen Verschmutzungen wichtig.

Entsprechend des Verhaltens von Verschmutzungen gegenüber Wasser, also der Frage, ob sie löslich, quellbar, emulgierbar oder suspendierbar sind, benötigt man chemische Komponenten in der Reinigungslösung. Zur Reinigung werden daher neutrale, alkalische und saure Reinigungsmittel benötigt.

Neutrale Reinigungsmittel (pH-Wert um 7) können sehr gut frische, vor allem fetthaltige Verschmutzungen beseitigen und sollten auch bei empfindlichen Maschinen und Geräten gemäß den Herstellerempfehlungen eingesetzt werden.

Alkalische Reinigungsmittel (pH-Wert 9–14) finden vor allem bei fett- und eiweißreichen Verschmutzungen Einsatz oder bei angetrockneten/eingebrannten Verschmutzungen.

Saure Reinigungsmittel (pH-Wert 4–0) benötigt man vor allem zum Entfernen von mineralischen Ablagerungen wie beispielsweise Kalkablagerungen.

In „Allzweckreinigern" werden Detergenzien mit anderen chemischen Mitteln gemischt, um so ein breiteres Anwendungsspektrum zu ermöglichen.

Die Mischung aus Reinigungsmittel und Wasser in der richtigen Konzentration ergibt die anwendungsfertige Reinigungslösung.

3.5

Reinigungsgerät

Maschine, die dazu dient, Verschmutzungen zu entfernen

BEISPIEL Kehrmaschinen, Druck- und Schaumreinigungsgeräte

Die Norm unterscheidet hier auf der Basis dieser Begriffsbestimmung zwischen den Geräten, die man zur Reinigung einsetzt und den Utensilien, die man manuell nutzt (siehe Abschnitt 3.6).

Die Geräte können rein mechanischer Bauart sein, wie einfache Kehrmaschinen, oder mit energetischer Versorgung eines Motors konstruiert sein. Die mechanische Verstärkung eines Reinigungsgerätes kann mittels Bürsten bei einer Kehrmaschine erfolgen, durch Wasserdruck bei einem Druckreiniger oder in einer Kombination aus beiden Bauarten bestehen. Zur Optimierung kann auch der zusätzliche Einsatz von Reinigungsmitteln beitragen, die aus Gerätetanks dem Wasser zugesetzt werden oder in Kombination mit einer Luftzumischung zu einer Schaumbildung führt. Schaum kann insbesondere bei vertikalen Flächen dazu beitragen, dass die eingesetzten Reinigungsmittel länger an der Stelle verbleiben (Erhöhung der Einwirkzeit) und nicht sofort wieder abfließen. Sie minimieren darüber hinaus die mit der Exposition gegenüber Gefahrstoffen verbundenen Risiken in der Anwendung.

Reinigungsgeräte sind nützliche Hilfen bei der Reinigung, beinhalten aber auch die Gefahr von zusätzlichen Quellen für Kontaminationen: Kehrmaschinen wirbeln auch Staub auf, Druckreiniger können Schmutzpartikel über die Aerosolbildung oder unmittelbar mit dem Spritzstrahl auch auf höher gelegene Oberflächen aufschlagen lassen und ungewollt verteilen.

3.6

Reinigungsutensil

Mittel, das dazu beiträgt manuell Verschmutzungen zu entfernen

BEISPIEL Besen, Bürsten, Tücher, Abzieher, Eimer.

Im Gegensatz zu den Geräten dienen Reinigungsutensilien unmittelbar zur manuellen mechanischen Beseitigung von Verschmutzungen.

Insbesondere bei der Trockenreinigung, d. h. ohne Verwendung weiterer Lösemittel, benötigt man Tücher, Besen und Bürsten verschiedenster Eigenschaften und Bauarten sowie Schaufeln zur Aufnahme des Schmutzes.

Schrubber hingegen kommen bei der mechanischen Nassreinigung zum Einsatz. Dazu gehören auch raue Topfreinigerschwämme, Tücher aller Art und die Eimer zur Aufnahme der vorbereiteten Reinigungslösung, zum Ausspülen von Schwämmen und Lappen und der abschließenden Aufnahme der Lösung mit den darin gelösten Verschmutzungen.

Abzieher zählt man auch zu diesen Utensilien, obwohl sie meistens erst nach der Reinigung eingesetzt werden, um das Wasser des Nachspülens zu beseitigen oder als Hilfe beim Abtrocknen und ggf. auf Böden zur Beseitigung einer Rutschgefahr. Besonders wichtig sind sie zur Beseitigung von Wasser vor der nachfolgenden Desinfektion, um Verdünnungseffekte zu verhindern. Abzieher müssen daher in besonderem Maße sauber sein!

Alle Reinigungsutensilien müssen selbst auch sauber sein bzw. wieder gesäubert und trocken separat von der Lebensmittelproduktion aufbewahrt werden. Reinigungsutensilien sollen regelmäßig, aber spätestens bei Verschleiß, ausgetauscht werden, damit sie nicht selbst zur Quelle von Kontaminationen werden.

Benutzte Reinigungsutensilien, die sowohl auf der reinen als auch auf der unreinen Seite einer Betriebsstätte benutzt werden, können zu einer Keimverschleppung beitragen. Um dies zu verhindern, gibt es die Utensilien in verschiedenen, farbigen Ausführungen, die die Zuordnung zu den unterschiedlichen Hygienebereichen einer Betriebsstätte klar erkennbar machen und Kreuzkontaminationen verhindern helfen.

3.7

sauber

visuell frei von Verschmutzungen

Anmerkung 1 zum Begriff: Zur Prüfung der Wirksamkeit des Reinigungserfolges können auch andere Testverfahren herangezogen werden.

Zu Produktionsbeginn bzw. vor Benutzung müssen Flächen und Geräte sowie Bedarfsgegenstände sauber sein. Sauber sind die Flächen oder Gegenstände dann, wenn Reste von Verschmutzungen oder Rückstände von Reinigungs- und Desinfektionsmitteln weder sichtbar noch durch manuelles Fühlen oder wahrnehmbare Gerüche bemerkbar sind (sog. „sensorische Sauberkeit“).

Auch wenn die Definition zunächst auf die *visuelle Sauberkeit* abhebt, kann man zur Kontrolle der Beseitigung von unerwünschten Produktresten (Eiweiß, Stärke, Fett) den *optisch nicht wahrnehmbaren Reinigungserfolg* mittels Schnelltests zur Orientierung messbar machen. Dafür stehen einfache enzymatische Schnelltests zum Nachweis von Eiweißresten oder auch von Resten an gesamter organischer Substanz zur Verfügung. Messbar werden auch organische Schmutz- und Mikroorganismenreste durch den Einsatz eines ATP-Nachweistests.

Das ist insofern wichtig, da *sauber* die Voraussetzung für eine erfolgreiche Desinfektion ist, um eine rasche Inaktivierung der Desinfektionsmittel (Eiweißfehler) zu verhindern.

Der Begriff „rein“ ist im Gegensatz zu „sauber“ (frei von optischen Verschmutzungen) auf den mikrobiologischen Status von Flächen, Bedarfsgegenständen und Geräten bezogen und beinhaltet neben der Sauberkeit auch den Zustand nach der gezielten Reduktion von Keimen. Hier spricht man aber nicht von *frei von Mikroorganismen* im Sinne von *steril*. Es ist vielmehr die Beseitigung unerwünschter Mikroorganismen auf ein *akzeptables Maß* (für Pathogene „NULL“, d. h. keine nachweisbaren Keime, und für die allgemeine Keimbelastung in der Regel unter 100 Keime je 100 cm^2 beprobter Fläche). Die Anforderung an das Ergebnis der Reinigung und Desinfektion ergibt sich aus regulativen Vorgaben und den Qualitätsanforderungen der Produktion bzw. des Produktes.

Häufig bedarf es nach gründlicher Reinigung in unkritischen Herstellungsschritten, zumindest bei glatten Edelstahloberflächen mit geringer Keimbelastung im Betrieb, gar keiner weiteren Desinfektion mehr, da die Reinigung bereits über 90 % der Keimbelastung entfernt und die mikrobiologische Kontrolle auch so schon den Status „rein“ ausweist.

In anderen Fällen muss sich an die Reinigung und das Abziehen von Wasser noch eine Desinfektion anschließen, um die erforderliche Sicherheit für die sich anschließenden Produktionsschritte zu erzielen.

3.8

Desinfektion

chemisches und/oder physikalisches Verfahren zur Abtötung von Mikroorganismen auf ein Niveau, das weder gesundheitsschädlich ist noch die Qualität der Lebensmittel beeinträchtigt

Desinfektion gehört gleichfalls zu den Basishygienemaßnahmen und ist in der Regel mit einer vorgeschalteten Reinigung verbunden.

Der Begriff der Desinfektion entstammt eigentlich der Seuchenlehre und soll den Prozess beschreiben, der dazu führt, dass Gegenstände nicht mehr infizieren können. Gemäß *Codex Alimentarius* bedeutet „Desinfektion" eine Verringerung der Mikroorganismen in der Lebensmittelumgebung durch chemische Mittel und/oder physikalische Verfahren auf ein Niveau, sodass die Lebensmittelsicherheit und -bekömmlichkeit nicht beeinträchtigt wird.

Die *Desinfektion* wird immer dann einzusetzen sein, wenn zu erwarten ist, dass auf einer sauberen Fläche noch krankmachende Keime vorhanden sein könnten. In der Herstellung von Lebensmitteln kann es aber auch erforderlich sein, unerwünschte, die Produktion selbst negativ beeinträchtigende Mikroorganismen auf ein akzeptables Maß zu reduzieren.

Bei Desinfektion denkt man meist an den Einsatz chemischer Desinfektionsmittel. Es gibt aber auch physikalische Desinfektionsverfahren. Hier stehen thermische Verfahren, also der Einsatz von Hitze, im Vordergrund. Zu den physikalischen Verfahren zählen auch der Einsatz von UV-Strahlen (beispielsweise bei der Luft- oder Wasserdesinfektion) oder die Filtration von Medien. Es gibt auch die Kombination von chemischer mit thermischer Desinfektion, bei der neben der chemischen Komponente auch die Hitze keimabtötend wirkt. Zweifelsohne dominiert im Lebensmittelbereich der Einsatz flüssiger, chemischer Desinfektionsmittel sowie die Anwendung von Hitze zur Desinfektion.

3.9

Desinfektionsmittel

Biozidprodukt, das dazu bestimmt ist, eine Desinfektion zu erzielen

Seit der Veröffentlichung der Verordnung (EU) Nr. 528/2012 (Biozidverordnung) gibt es eine große Gruppe von Stoffen, die als Biozide eingestuft sind. Biozide, die man anwenden will, müssen nach den Vorgaben dieser Verordnung zugelassen und gelistet sein.

Biozidprodukte sind Zubereitungen, die einen oder mehrere biozide Wirkstoffe enthalten, mit denen Schadorganismen abgeschreckt, unschädlich gemacht oder zerstört werden.

Dazu gehören auch Desinfektionsmittel. Für diese Norm sind darunter zu verstehen:

- Bakterizide und Sporozide gegen Bakterien,
- Fungizide gegen Pilze,
- Viruzide gegen Viren,
- Levurozide gegen Hefen und Pilze.

Einzelne Wirkstoffe können auch gegen mehrere Mikroorganismen wirksam sein oder in Handelspräparaten, z. B. zur Händedesinfektion, gemischt werden.

Im Lebensmittelbereich werden Alkohole bevorzugt zur Händedesinfektion eingesetzt. Flächendesinfektionsmittel für den Lebensmittelbereich basieren auf anderen Wirkstoffen, z. B. auf quaternären Ammoniumverbindungen.

Bei der Auswahl eines Produktes muss man darauf achten, dass dieses auch für die angestrebte Anwendung geeignet ist. Viele Desinfektionsmittel wirken z. B. nicht oder nur sehr langsam im niedrigen Temperaturbereich oder nur bei Anwendung in höherer Konzentration.

3.10

Einwirkzeit

Zeit, die erforderlich ist, um Verschmutzungen abzulösen und/oder die erforderliche Desinfektionswirkung zu erzielen

Anmerkung 1 zum Begriff: Verschmutzungen abzulösen bedeutet je nach Verschmutzungsart z. B. diese zu quellen, zu zersetzen, zu emulgieren.

Die Einwirkzeit ist die Zeit, die erforderlich ist, um eine gesicherte Wirkung zu erzielen. Die Temperatur der Umgebung und in der Reinigungslösung sowie die korrekte Konzentration des Wirkstoffes beeinflussen die Dauer der Einwirkzeit maßgeblich. Ganz allgemein gilt: Je höher die Temperatur in der Lösung und der Umgebung ist, desto besser ist die Wirkung und desto kürzer ist die Einwirkzeit. Allerdings gilt das für Eiweißverschmutzungen nur bis zu einer Temperatur von ca. 50 °C in der Reinigungslösung, da es sonst zu einem gegenteiligen Effekt durch Denaturierung und Verkrustung von Protein auf Oberflächen kommt.

Für die Desinfektion gilt, dass die Einwirkzeit in kalter Umgebung sich deutlich verlängert. Die Einwirkzeit ist für jedes Präparat auf dem Behältnis vermerkt. Sie wurde durch Wirksamkeitstests in der labormäßigen Desinfektionsmittelprüfung des Herstellers exakt bestimmt und in der Ergebnisdarstellung als Kombination von Temperatur und Einwirkzeit bei einer gegebenen Konzentration der eingesetzten Desinfektionsmittellösung dargestellt.

3.11

Mikroorganismen

Viren, Bakterien, Hefen, Schimmelpilze, Protozoen und Algen

„Mikroorganismen“ ist ein Sammelbegriff für die in der Begriffsbestimmung aufgelisteten Kleinstlebewesen, die alle einzeln mit bloßem Auge nicht erkennbar sind.

Aufgrund des gemeinsamen Merkmals „Sichtbarkeit“ zählt man auch Viren zu den Mikroorganismen, obwohl sie nicht zu den sich eigenständig vermehrenden „Lebewesen“ gehören.

Der ältere Begriff „Mikrobe“ wurde speziell für Bakterien verwendet. Allgemein wird zumeist auch einfach für Bakterien, Hefen und Schimmelpilzen der Sammelbegriff „Keime“ verwendet.

Grundsätzlich kann jede Art von Mikroorganismus für einen lebensmittelverarbeitenden Betrieb relevant sein.

Wir unterscheiden für das Lebensmittel erwünschte und unerwünschte Mikroorganismen. Die erwünschten sind technologisch bedingt. Bei den unerwünschten Mikroorganismen spielen Krankheitserreger und Verderbniskeime eine Rolle. Ihre Herkunft kann sehr unterschiedlich sein. Von großer Bedeutung sind die vom Tier oder vom Menschen stammenden mikrobiellen Produktkontaminationen.

Bekannt sind aber auch Biofilmablagerungen und mikrobielle Belastungen in Kühleinrichtungen (Legionellen bei Verdampfern) und Kühllagern sowie in der Versorgung und Entsorgung von Trink- und Prozesswasser. Der Eintrag von Mikroorganismen kann aber auch indirekt über Vögel, Nager und andere Schädlinge erfolgen.

3.12

Korrosion

Beeinträchtigung und Zerstörung von Werkstoffen durch physikalische, chemische oder elektrochemische Prozesse

Die Korrosion ist eine schädliche Beeinträchtigung eines Werkstoffes, ausgelöst durch physiko-chemische Prozesse (z. B. Oxidation, Elektrolyse). Sie führt dazu, dass Anteile oder ganze Partikel des Werkstoffs in ein Lebensmittel gelangen können und die Oberfläche eines so beschädigten Werkstoffes nicht mehr einwandfrei gereinigt und desinfiziert werden kann. Durch mechanische Beeinträchtigungen der Oberfläche von Gegenständen und Einrichtungen kann einer Korrosion Vorschub geleistet werden.

3.13

Spülverfahren

Ausspülen oder Durchspülen von Lebensmittelkontaktflächen zur Ermittlung des Restkeimgehaltes in der Spülflüssigkeit nach Reinigung und Desinfektion

Anmerkung 1 zum Begriff: Testverfahren, insbesondere zur Überprüfung des Reinigungs- und Desinfektionserfolges an schwer zugänglichen Stellen.

In Abgrenzung zum Nachspülen bei Reinigungs- und Desinfektionsverfahren bezeichnet das „Spülverfahren“ ein Testverfahren zur Überprüfung des Reinigungs- und Desinfektionserfolges *nach* Abschluss der eigentlichen Reinigungs- und Desinfektionsschritte. Im Spülverfahren werden zur Überprüfung die verbliebenen Keime nach abgeschlossener Reinigung und Desinfektion erfasst.

Die Überprüfung des Reinigungs- und Desinfektionserfolges setzt voraus, dass man mit den im Testverfahren vorgesehenen Beprobungsutensilien oder Abnahmematerialien unmittelbar die zu beprobende Fläche berühren kann. Bei Geräten und Maschinen und insbesondere bei allen Schläuchen/Rohren/Gerätetunneln ist das aber nicht immer gegeben. Auch sehr kleine Arbeitsgeräte oder Bauteile von Geräten können nicht mit Tupfern oder Abklatschplatten beprobt werden. Für alle diese Fälle benötigt man ein Spülverfahren. Wie dieses grundsätzlich funktioniert und welche Anforderungen an ein solches Verfahren zu stellen sind, wurde durch die neue DIN 10546 ergänzend festgelegt. Daher wurde sie als Teil II dieses Beuth-Kommentars mit aufgenommen.

4 Anforderungen

4.1 Allgemeines

Die Art der Reinigungs- und Desinfektionsverfahren sowie die dazu benötigten Geräte und Mittel sind auf die jeweiligen betrieblichen Gegebenheiten, die Art der Produkte und Prozesse abzustellen. Dabei sind grundsätzlich umweltverträgliche Reinigungsmittel und -techniken anzuwenden. Weiterhin ist der Einsatz von Desinfektionsmitteln (Biozidprodukten) auf das notwendige Maß zu beschränken.

Als Basishygienemaßnahme wird durch eine sachgerechte Reinigung und Desinfektion erreicht, dass weder unerwünschte Substanzen (Lebensmittelreste, Chemikalienreste, Schmutz, Staub) noch unerwünschte Mikroorganismen von den benutzten Flächen, Händen oder Arbeitsgeräten in das Produkt gelangen können. Zur Erreichung der Anforderung der Lebensmittelsicherheit sind geeignete Mittel und Verfahren vom Lebensmittelunternehmer auszuwählen und ihre Anwendung in einem Reinigungs- und Desinfektionsplan festzulegen. Eine entscheidende Rolle kommt hier der sachgerechten Auswahl der Reinigungsmittel zu, die auf die Bedürfnisse des Betriebes zugeschnitten sein muss.

Eine effektive Reinigung ist unabdingbar für eine erneute bzw. weiterführende Produktion, aber gleichzeitig auch die wichtigste Voraussetzung für eine wirksame Desinfektion. Daher müssen primär alle Maßnahmen auf eine bestmögliche und wirksame Reinigung abzielen.

Mit der Reinigung wird zugleich auch ein Großteil von Keimen auf den Oberflächen entfernt, sodass die Reinigung stets auch einen keimreduzierenden Effekt hat, der bereits für viele Bereiche in der Anwendung genügt.

Die Reinigung (alleine) reicht jedoch in Bereichen, in denen Primärerzeugnisse und Erzeugnissen tierischen Ursprungs verarbeitet werden und „leicht verderbliche“ oder „sehr leicht verderbliche Lebensmittel“ hergestellt oder behandelt werden, nicht aus. Hier muss in einem abschließenden, definierten Arbeitsschritt zusätzlich eine Desinfektion zur gezielten Keimabtötung von Krankheitserregern und/oder verderbniserregenden Keimen durchgeführt werden.

Nicht zu vergessen ist, dass eine regelmäßige Schmutzentfernung auch vorbeugend einer Schädlingsfreihaltung dient.

Auf eine Trennung zwischen reiner und unreiner Seite ist auch bei der Durchführung der Reinigungs- und Desinfektionsmaßnahmen zu achten.

Grundsätzlich sollen die Maßnahmen in den jeweiligen Hygienebereichen der reinen und unreinen Seite getrennt durchgeführt werden. Ist das wegen zu geringer Personalressourcen nicht möglich, ist stets von der reinen Seite beginnend zur unreinen Seite hinzuarbeiten.

Es ist außerdem wichtig, die richtige Abfolge der Reinigungs- und ggf. ergänzenden Desinfektionsschritte bei den zu reinigenden und desinfizierenden Objekten von „oben nach unten" zu beachten, damit bereits gereinigte und desinfizierte Flächen nicht erneut durch nachfolgende Reinigungsarbeiten mit Verschmutzungen aus der Reinigungslösung bzw. durch Reinigungsutensilien kontaminiert werden.

Sowohl aus Gründen der Lebensmittelsicherheit als auch aus Gründen der Wirksamkeit sollten die routinemäßigen Reinigungs- und Desinfektionsmaßnahmen erst dann durchgeführt werden, wenn bei Produktionsende aus den zu reinigenden Produktionsbereichen Lebensmittel, Verpackungsmaterialien und Bedarfsgegenstände entfernt wurden, um Sekundärkontaminationen sicher auszuschließen. Das Einbringen von Desinfektionsmitteln in die Atemluft in Gegenwart von Personal ist nicht zulässig und widerspricht dem STOP-Prinzip der Gefahrstoffverordnung.

Sollte zur unmittelbaren Gefahrenabwehr einer Schmutz- und/oder mikrobiellen Kontamination während der Produktion eine Zwischenreinigung und ggf. -desinfektion von Arbeitsflächen oder Bedarfsgegenständen erforderlich sein, so muss das unter strikter Beachtung der Trennung von „rein" und „unrein" erfolgen. Beispielsweise sind die Lebensmittel, Verpackungsmaterialien etc. zwischenzeitlich aus dem betroffenen Produktionsbereich zu entfernen. Zu beachten ist auch, dass das Spritzwasser zu keiner Kontamination von Flächen oder Lebensmitteln führen darf.

Die Reinigung von Ausstattungs- und Einrichtungsgegenständen ist mit nach Reinigungsbereichen (z. B. Toilette, übrige Sanitärausstattung, Nutzflächen, Küchenbereich) getrennten Reinigungsutensilien (z. B. Eimer, Reinigungstextilien) durchzuführen. Es ist darauf zu achten, dass diese Trennung eingehalten wird.

ANMERKUNG Eine Farbcodierung der Reinigungsutensilien für die verschiedenen Funktionsbereiche in der Betriebsstätte ist sinnvoll.

Für eine effektive Trennung ist zu beachten, dass, je nach Anforderung, für festgelegte Hygienebereiche (reine Seite / unreine Seite) entsprechend getrennt nutzbare Reinigungsutensilien bereitgestellt werden. Diese Trennung der Utensilien nach Reinigungsbereichen ist ein absolutes „MUSS“, um Kontaminationen und mikrobielle Kreuzkontaminationen grundsätzlich zu verhindern.

Gerade die Keimverschleppung über Reinigungsmittellösungen, Lappen, Bürsten oder Pads wird häufig unterschätzt. Daher sollten praktikable, betriebsinterne Festlegungen zur Lösung des Problems getroffen und für die Reinigungsarbeiten vereinbart werden. Im Handel sind für diesen Zweck z. B. farblich unterschiedlich gestaltete Reinigungsutensilien erhältlich und je nach Branche festgelegte Farbcodierungen gängige Praxis (siehe Abschnitt 3.6.).

In Verbindung mit Reinigungs- und Desinfektionsmaßnahmen sind neben den Hygieneanforderungen insbesondere sicherheitstechnische Anforderungen von Bedeutung.

Die sicherheitstechnischen Maßnahmen betreffen zum einen den Umgang mit den zu reinigenden Objekten. Es sind auf jeden Fall die diesbezüglichen Hinweise der Maschinen- und Gerätehersteller zu Gefährdungen in der Betriebsanleitung zu beachten, d. h. beispielsweise Angaben zum bestimmungsgemäßen Gebrauch, der Bedienung, zu den zu verwendenden Reinigungsmitteln, Hinweise für die Auswahl des zulässigen Reinigungsverfahrens und selbstverständlich das Ausschalten/Trennen vom Stromnetz vor Beginn der Reinigungs- und Desinfektionstätigkeit.

Die Reinigung von Maschinen und Anlagen während ihres Betriebes erfordert eine Unterweisung zu den auftretenden Gefährdungen. Sie ist also in der Regel dem Service-Personal vorbehalten und erfordert spezifische technische Kenntnisse.

Beim Umgang mit den Reinigungs- und Desinfektionsmitteln sind aus Arbeitsschutzgründen die Angaben auf den Sicherheitsdatenblättern der Hersteller sowie die speziellen Angaben zum Einsatzbereich der Produkte zu beachten. Die Unterweisung des Reinigungspersonals und leicht verständliche Betriebsanleitungen müssen vorliegen, um z. B. ein eigenmächtiges Vermischen verschiedener Produkte prinzipiell auszuschließen.

Die in diesem Bereich eingesetzten Reinigungsgeräte und Reinigungsutensilien müssen für den vorgesehenen Einsatzbereich geeignet sein. Sie sollten leicht zu reinigen und zu pflegen sein.

Die bei manuellen Verfahren verwendeten Hilfsmittel wie Reinigungsschwämme oder -pads und vor allem Spül- und Wischtücher stellen bei Wiederverwendung ein hohes Hygienerisiko (Rekontaminationsgefahr durch Schmutz und Mikroorganismen) dar. Daher sind der Einfachheit halber Einwegtücher zu verwenden. Bürsten oder geeignete Mehrwegtücher müssen regelmäßig, soweit möglich bei Wassertemperaturen von über 70 °C, heiß gereinigt und/ oder desinfizierend gereinigt werden.

Reinigungsschwämme und Pads sind spätestens durch neue zu ersetzen, wenn ihre Verschmutzungen nicht mehr durch Ausreiben und Waschen leicht entfernt werden können. Das Einlegen in Reinigungslösung oder Desinfektionslösung in einem Eimer über Nacht ist kein geeignetes Verfahren, da hierbei im Inneren befindliche Mikroorganismen nicht sicher abgetötet werden und diese bei erneuter Nutzung wieder als Kontaminanten ausgeschwemmt werden.

Für Reinigungstextilien im Mehrfachgebrauch (Wischmopps etc.) kommen zertifizierte Reinigungs- und Desinfektionsverfahren zum Einsatz. Entsprechende Informationen können vom Hersteller, den Lieferanten von Reinigungs- und Desinfektionsmitteln bzw. vom Reinigungsunternehmen angefordert werden.

4.2 Reinigungsverfahren

4.2.1 Allgemeines

Es wird unterschieden in Trocken- und Nassreinigung sowie sonstige Reinigungsverfahren. Die für den Reinigungserfolg entscheidenden Parameter sind Temperatur, Zeit, Mechanik und Chemie. Diese werden im so genannten Sinner'schen Kreis dargestellt (siehe Bild 1). Um den Reinigungserfolg sicherzustellen, müssen die Parameter aufeinander abgestimmt werden.

Die hier im Sinner'schen Kreis dargestellten Zusammenhänge betreffen die Nassreinigung. Sie kann nur immer dann optimal ausgeführt werden, wenn alle Parameter gut aufeinander abgestimmt werden. Da ein Kreis aber nur maximal 360° haben kann, können Wirkungsdefizite durch einen unzureichenden Parameter aus dem Kreis nur bedingt durch Erhöhung der Anteile der anderen Faktoren ausgeglichen werden. Wenn beispielsweise der Faktor Zeit bei der Reinigung zu gering ist, dann kann durch die Wahl bzw. Konzentration des Reinigers sowie die Erhöhung der mechanischen Komponente versucht werden, dieses Wirkungsdefizit auszugleichen. Aber dieses Ausgleichen geht nur bis zu einem bestimmten Grad.

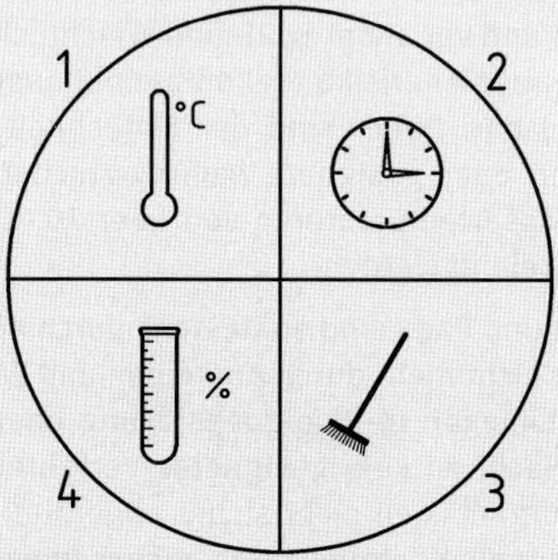

Legende

1 Temperatur

2 Zeit

3 Mechanik

4 Chemie (Art und Konzentration des Reinigungsmittels sowie Menge der Reinigungsmittellösung)

Bild 1 – Sinner'schen Kreis

Weitere Informationen über die Reinigung sind in Anhang B enthalten.

4.2.2 Trockenreinigung

Die Trockenreinigung von Oberflächen und Geräten erfolgt z.B. durch Fegen, Abtragen, Abspateln, Absaugen, Abbürsten, Abwischen. Die Trockenreinigung ist dann anzuwenden, wenn in Abhängigkeit von der Art der Verschmutzung und der Menge eine Trockenreinigung ausreichend und zweckdienlich ist. Sie darf auch als grobes Vorreinigungsverfahren vor einer Nassreinigung eingesetzt werden.

Unter Trockenreinigung versteht man das manuelle oder maschinelle Entfernen von Staub oder Verschmutzungen ohne Zugabe von Wasser oder anderen Flüssigkeiten.

Die grobe, rein mechanische Vorreinigung ist auch eine wichtige Routine-Maßnahme vor der eigentlichen Nassreinigung, damit diese wirksam durchgeführt werden kann und der Einsatz chemischer Reinigungsmittel aufgrund der somit niedrigeren Stofflast vermindert werden kann. Außerdem wird Wasser gespart und die Abwasserbelastung durch grobe Verschmutzungen reduziert.

Bei Trockenreinigung ist gegebenenfalls eine Absaugung von Staubpartikeln durch Einsatz von Staubsaugern mit Absaugfiltern erforderlich.

Prinzipiell sollte auch immer dort trocken gereinigt werden, wo trockene Lebensmittel hergestellt oder gelagert werden.

Absaugung ist gegenüber Kehr- und Wischarbeiten zu bevorzugen, da die entstehende luftgetragene Staubkonzentration deutlich geringer ist. Das hat Vorteile für die Hygiene und auch für die Gesundheit der Beschäftigten.

Der Normtext erwähnt hier nicht technische Absauganlagen, kombinierte Raumlufttechnische Anlagen oder Abfallanlagen, wie sie in größeren Produktionsbetrieben anzutreffen sind, da der Fokus der Norm auf einer breiten Anwendung liegt. Selbstverständlich sind diese Einrichtungen ebenfalls angesprochen, bedürfen aber selbst wiederum einer eigenen Berücksichtigung zur Reinigung und Desinfektion gemäß anderer Schriften (VDI 6022-Reihe).

4.2.3 Nassreinigung

Unter Nassreinigung werden Verfahren zusammengefasst, in denen Wasser und/oder wässrige Lösungen von Reinigungsmitteln eingesetzt werden. Je nach Art der Verschmutzungen, der Korrosionsbeständigkeit der Werkstoffe und der Verfahren sind geeignete Reinigungsmittel zu wählen. Im Anschluss an eine Nassreinigung mit Reinigungsmitteln muss eine Nachspülung zur Entfernung von Reinigungsmittelresten erfolgen. Das Schema einer Nassreinigung ist in Tabelle 1 enthalten.

Tabelle 1 – Schema einer Nassreinigung

Vorspülen	Hauptreinigung	Nachspülen
erfolgt mit Trinkwasser gemäß Trinkwasserverordnung oder, wo hygienisch vertretbar, mit Prozesswasser (z. B. Stapelwasser, Vorspülwasser, Nachspülwasser) zum Austrag grober Reste von Lebensmitteln oder anderer Verschmutzungen	erfolgt mit Trinkwasser oder aufbereitetem Wasser von Trinkwasserqualität, und/oder wässrigen Lösungen von Reinigungsmitteln, häufig mit mechanischer Unterstützung und erhöhter Temperatur[a]; die Anwendung umfasst Spülen, Abspritzen, Aussprühen, Einschäumen, Einlegen, Absaugen usw.	erfolgt mit Trinkwasser oder aufbereitetem Wasser von Trinkwasserqualität, gegebenenfalls mit Zusatz von Entspannungsmitteln[b] und/oder mit erhöhter Temperatur

[a] Je nach Verschmutzungsgrad sind geeignete Temperaturen auszuwählen.
[b] Zusatz von Klarspülern bei Geschirrspülmaschinen.

Die Nassreinigung folgt der groben, mechanischen Vorreinigung mit den Schritten: Vorspülen, Hauptreinigung und Nachspülen. Für die Hauptreinigung und das Nachspülen darf nur Wasser von Trinkwasserqualität eingesetzt werden.

Eine Vorreinigung durch Vorspülen, ggf. auch mechanisch kombiniert, dient der Beseitigung von Produktionsresten und groben Verschmutzungen. Hier ist auch die Verwendung von Prozesswasser noch zulässig.

Die eigentliche Hauptreinigung ist eine Kombination aus Wasser mit oder ohne Reinigungsmittel und erforderlicher mechanischer Unterstützung durch Reinigungsutensilien. Die Temperatur der Reinigungslösung muss so gewählt werden, dass je nach Bedarf Eiweiße bei Temperaturen unter 50 °C zunächst quellen können bzw. Fette bei Temperaturen von über 60 °C optimal abgelöst werden.

Das Nachspülen, das ebenfalls in der Regel mit Trinkwasser erfolgen muss, dient dem Entfernen von gelösten Schmutzteilen sowie Resten der verwendeten Reinigungsmittellösung. Je nach Oberflächenbeschaffenheit muss auch besonderer Wert auf eine vollständige Trocknung und kontaminationsfreie Aufbewahrung der gereinigten Gegenstände gelegt werden.

Die Reinigungsmittellösungen werden nach einmaliger Anwendung verworfen (verlorene Reinigung) oder dürfen bei entsprechender Nachdosierung des Reinigungsmittels wieder verwendet werden. Neben der Reinigung von Hand werden maschinelle Verfahren angewendet, wie z. B. Abspritzen, Einsprühen, Einschäumen, Auftragen von Gelen, sowie CIP-Verfahren (en: cleaning in place).

Die „verlorene Reinigung" findet bei der Reinigung „offener Flächen" ihren Einsatz, weil hierbei die Verschmutzung der Reiniger-Lösung viel zu groß wäre, um sie wiederzuverwenden. Wiederverwendet werden Reiniger-Lösungen im CIP-Verfahren zur Reinigung von Produktionsanlagen im geschlossenen System oder in gewerblichen Spülmaschinen.

Abspritzen unter Berücksichtigung der Eignung von Maschinen und elektrischen Bauteilen (siehe DGUV 100-500) erfolgt häufig mit Druckgeräten unter Verwendung von Hochdruck (etwa 25 bar[2] bis 120 bar) und Niederdruck (< 25 bar). Mit steigendem Druck können bei unsachgemäßer Handhabung Materialschäden sowie Aerosole entstehen. Schmutzpartikel und Mikroorganismen können über weite Entfernungen getragen werden und deshalb ein Hygienerisiko darstellen. Diese Risiken sind durch die Beachtung verschiedener Parameter wie Spritzabstand, Spritzwinkel, Beschaffenheit der Düse und Wasservolumenstrom zu verringern. Das Abspritzen von Böden und das Ausspritzen von Abflüssen mit Wasser unter Hochdruck muss vermieden werden.

Aus den genannten Gründen sollte man beim Kauf von Druckgeräten für die Flächenreinigung darauf achten, dass diese für den Lebensmittelbereich geeignet sind. Zu empfehlen sind Reinigungsgeräte, die mit Niederdruck arbeiten, über entsprechende Sicherheitseinrichtungen verfügen und keine zusätzlichen Kontaminationsgefahren (z. B. durch das Schmiermittel des Druckerzeugers oder durch die Weichmacher aus Schläuchen) eintragen.

Druckreiniger sind in der Anwendung pragmatisch und effizient. Da aber Aerosolisierungsprozesse unvermeidbar Mikroorganismen in die Umgebung freisetzen, muss ein hinreichender Abstand zum Niederschlag der Nebel vor der Wiederaufnahme der Produktion bzw. eine ausreichende Lüftung, die die Feuchtigkeit abtransportiert, vorhanden sein.

2 10^5 Pa = 1 bar.

Bewährt haben sich insbesondere für die Bodenreinigung auch Geräte mit zusätzlichen rotierenden Bürsten in einem weitgehend abgeschirmten Gerätebereich. Das vermindert die Aerosolausbreitung und unterstützt durch die mechanische Reinigung den Wirkungsgrad.

Für das Reinigungsobjekt muss sichergestellt sein, dass eine Aufwirbelung und Verteilung von Krankheitserregern nicht stattfindet. Dies ist bei Reinigungsarbeiten an Ablaufrinnen, Gullys oder im Kanalsystem zu erwarten, weshalb Abflüsse im Hygienebereich einer Küche nur ausgespült, aber nicht ausgespritzt werden sollen.

Verfahren wie z. B. Schaum-, Sprüh- und Gelverfahren sind für die Reinigung von Räumen, Vorrichtungen und Geräten einsetzbar.

Für Böden, insbesondere solche mit rutschfestem Belag, sind auch Verfahren mit rotierenden Bürsten einsetzbar.

Die aufgezählten Verfahren minimieren einige der bereits angesprochenen Risiken. Reinigungsmaschinen sind speziell für Reinigungsaufgaben konzipiert, effektiver in der Anwendung und gegenüber manuellen Verfahren vorzuziehen, wenn dies möglich ist. Gele und Schaum haben den Vorteil, dass sie länger auf den Flächen verweilen, bevor sie abfließen, was insbesondere bei der Reinigung von Wänden und anderen vertikalen Oberflächen von Nutzen ist.

Beim CIP-Verfahren handelt es sich um die Reinigung geschlossener Anlagen ohne Demontage der Anlage. CIP-Verfahren werden vorzugsweise in Betrieben mit verbundenen Tank- und Anlagensystemen eingesetzt, z. B. in milchwirtschaftlichen Betrieben, Betrieben der Getränkeindustrie, Margarinefabriken.

Dabei werden in geschlossenen Systemen die erforderlichen Reinigungsschritte direkt in den Automatisierungsprozess von Anlagen integriert („intelligente Reinigung“), wobei die gesamte Produktionsanlage, einschließlich Rohrleitungen und Tanks, in definierten Zyklen gereinigt wird. Diese Verfahren bedürfen einer Validierung und wiederkehrenden Verifizierung im Rahmen des betrieblichen Hygienemanagements.

4.2.4 Spezielle Reinigungsverfahren

Als spezielle Reinigungsverfahren sind alle Verfahren zu verstehen, bei denen Produkte wie Zucker, Öle, Fette, Gase (Stickstoff, Druckluft), Dampf und mechanische Systeme (z. B. Molchsysteme) zur Entfernung unerwünschter Substanzen eingesetzt werden.

Diese Verfahren werden angewendet, wenn auf Trocken- und/oder Nassreinigung aus technologischen und mikrobiologischen Gründen verzichtet werden muss.

Je nach Produktart und Anlage muss speziell entschieden werden, wie Produktreste und Verschmutzungen wirksam beseitigt werden können. Hierbei ist der Rat von Experten hilfreich.

4.3 Desinfektionsverfahren

Desinfektionsverfahren werden nach Bedarf eingesetzt, z. B. täglich, wöchentlich oder bei besonderen Anlässen. Es wird unterschieden zwischen:

- chemische Desinfektionsverfahren, z. B. Sprühen, Wischen, Einschäumen, Tauchen;
- chemisch-thermische Desinfektionsverfahren, z. B. Desinfizieren in Geräten (Spülmaschinen);
- physikalische Desinfektionsverfahren, z. B. mit heißem Wasser, mit Dampf oder Heißluft.

Die Auswahl des Verfahrens richtet sich nach Ziel und Anwendungsort der Desinfektion. Während bei der Oberflächen- und Händedesinfektion überwiegend chemische Methoden Einsatz finden, werden zur Behälter-, Geräte- und Bedarfsgegenstände-Desinfektion chemische bzw. chemisch-thermische oder auch rein thermische Methoden angewendet.

Bei chemischer und chemisch-thermischer Desinfektion gibt es unterschiedliche Anwendungen.

Bei den chemischen Verfahren wird die keimabtötende Wirkung durch den Einsatz von Desinfektionsmitteln erreicht. Diese werden entweder als flüssige (z. B. auf Flächen oder in Spülmaschinen) oder als gasförmige Desinfektionsmittel (z. B. bei der Raumdesinfektion) eingesetzt.

Die Desinfektion von Siloanlagen, Produktionsräumen oder Anlagen setzt voraus, dass während des Verfahrens keine Personen exponiert werden und eine Freigabe nach Abklingen der Gefahrstoffkonzentrationen auf ein für die Beschäftigten und Lebensmittel sichere Konzentration erfolgt. Der Einsatz gasförmiger Mittel ist sachkundigen Fachkräften erlaubt (Sachkundigennachweis; nähere Informationen s. RKI-Seite).

Bei der chemisch-thermischen Desinfektion wird durch den Einsatz von Desinfektionsmitteln und gleichzeitiger Hitzeeinwirkung eine Keimabtötung erreicht. Das erfolgt z. B. bei der Anwendung chemischer Mittel und hohen Temperaturen in gewerblichen Spülmaschinen.

Physikalische Desinfektionsverfahren sind z. B. die Anwendung von Heißluft, Ultraviolett- und Infrarotbestrahlung. Die Anwendung erfolgt in der Regel in geschlossenen Behältnissen. Ultraviolett- oder Infrarotbestrahlung werden überwiegend für Packstoffe verwendet.

Durch Hitzeeinwirkung, wie z. B. durch heißes Wasser, Dampf oder Heißluft, erfolgt eine Abtötung vegetativer Zellen. Dabei ist feuchte Hitze wesentlich wirksamer als trockene. Viele im Lebensmittelbereich vorkommende Bakterien werden bei Temperaturen von 75 °C bis 80 °C abgetötet. Bakteriensporen werden erst bei Temperaturen über 100 °C ausreichend abgetötet, weshalb hierfür eine thermische Desinfektion von Oberflächen in der praktischen Anwendung nicht infrage kommt.

Das Desinfektionsverfahren muss so ausgelegt sein, dass sich die Anlage, das Gerät oder die Fläche im Anschluss an die Desinfektion in einem hygienisch unbedenklichen Zustand befinden.

Das Zusammenwirken der hauptsächlichen Einflussfaktoren aus dem Sinner'schen Kreis ist zu berücksichtigen (siehe Bild 1). Darüber hinaus sind Art und Anzahl der Mikroorganismen von Bedeutung.

In dem Zusammenhang ist zu beachten, dass das Zusammenwirken von Einwirkzeit und Intensität der Desinfektionskomponente für den keimabtötenden

Effekt entscheidend ist. So kann beispielsweise die Einwirkzeit ggf. bei einer höheren Desinfektionsmittelkonzentration oder Temperatur reduziert werden. Ob der gleiche keimabtötende Effekt allerdings erzielt wird, sollte vorher durch eine Validierung bestätigt werden, denn der Einfluss der Lebensmittelmatrix auf die Abtötungswirkung kann nicht vorhergesagt werden.

ANMERKUNG Zur Sicherung der Effektivität kann ein Wechsel der Desinfektionsmittel und/oder eine zeitweise Erhöhung der Konzentration in Betracht gezogen werden.

Weitere Informationen über die Desinfektion sind in Anhang B enthalten.

Grundsätzlich ist eine vorherige Reinigung, Bedingung für eine wirksame Desinfektion (siehe Tabelle 2 und Tabelle 3).

So ist es aus der Sicht der Desinfektion prinzipiell immer sicherer, dass vorher eine effektive Reinigung stattgefunden hat. Vielfach sind unzureichende mikrobiologische Ergebnisse bei Wirksamkeitskontrollen genau auf diesen Mangel zurückzuführen.

Voraussetzungen für eine wirksame Desinfektion sind:

- Konzentration in der angesetzten Desinfektionsmittellösung;
- Einwirkzeit;
- Temperatur.

Außerdem ist der Anlass der Desinfektion zu beachten. Wenn z.B. die tägliche, routinemäßige Desinfektion durchgeführt werden soll, sind die oben genannten Parameter anders zuzuordnen, als wenn eine spezielle, auf die Eliminierung bestimmter Mikroorganismen ausgelegte Desinfektion erfolgen soll.

Eine wirksame Desinfektion (siehe Tabelle 2) kann zum Beispiel durch Biofilme, unzureichende Reinigung, z.B. Schmutzreste (Eiweißfehler), vorhandene Reinigungsmittelreste (Seifenfehler) oder Restwasser nach Reinigung auf Flächen (Verdünnungseffekt) beeinträchtigt werden.

Die Wirksamkeit einer richtig ausgewählten und in der Konzentration korrekt eingestellten Desinfektionsmittellösung kann durch die im Normtext genannten Faktoren stark reduziert werden.

Daher gilt es, einen guten Reinigungseffekt vor der Desinfektion zu erreichen. Die Flächen sollen nach dem Nachspülschritt gut abtrocknen, was bereits zu einer zusätzlichen Keimreduzierung beiträgt. Sie sind zumindest zur Vermeidung des Verdünnungseffekts abzuziehen, bevor die Desinfektionsmittellösung aufgetragen wird. Idealerweise wird daher erst gereinigt und dann desinfiziert.

Diese vorzusehende Reihenfolge im Ablauf ist in der nachfolgenden Tabelle 2 noch einmal zusammengefasst dargestellt.

Tabelle 2 zeigt den Ablauf einer routinemäßigen Reinigung und Desinfektion in zwei Schritten, gefolgt von dem Nachspülschritt.

Tabelle 2 – Schema einer Desinfektion

Reinigung	Desinfektion	Nachspülen
erfolgt als Trockenreinigung oder Nassreinigung	erfolgt mit Desinfektionsmitteln, gegebenenfalls bei erhöhter Temperatur oder mit Wasser mit Temperaturen von $> 80\ °C$ bzw. mit Dampf [a]	ist notwendig bei Einsatz von Desinfektionsmitteln, die Rückstände hinterlassen; erfolgt mit Trinkwasser oder aufbereitetem Wasser von Trinkwasserqualität
[a] Die erforderliche Temperatur und Einwirkzeit muss auf der jeweiligen Oberfläche erreicht werden.		

Gegebenenfalls können auch kombinierte Reinigungs- und Desinfektionsverfahren (siehe Tabelle 3) angewendet werden. Voraussetzung sind nicht zu stark verschmutzte Flächen und eine gute Vorreinigung.

Tabelle 3 – Schema einer kombinierten Reinigung und Desinfektion

Vorreinigung	Kombinierte Reinigung und Desinfektion	Nachspülen
erfolgt durch Entfernung von groben Schmutzpartikeln und/oder durch Vorspülen	erfolgt mit kombinierten Reinigungs- und Desinfektionsmitteln, gegebenenfalls bei erhöhter Temperatur	ist notwendig bei Einsatz von kombinierten Reinigungs- und Desinfektionsmitteln; es erfolgt mit Trinkwasser oder aufbereitetem Wasser von Trinkwasserqualität

Die Durchführung der Reinigung und Desinfektion in einem Schritt durch die Verwendung von Reinigungsmitteln, die auch eine Desinfektionskomponente enthalten, ist sehr verlockend. Der Einsatz solcher kombinierter Mittel kann aber nur auf leicht verschmutzten Flächen erfolgreich sein, die zudem effektiv mit Wasser vorgespült wurden.

Die erhoffte Ersparnis von finanziellen Mitteln für die Beschaffung getrennter Mittel und die Zeitersparnis bei der Durchführung der Maßnahmen werden aber häufig auch überschätzt. Zudem ist meist aus Gründen einer effektiven Desinfektionswirkung eine gründliche Vorreinigung mit heißem Wasser erforderlich, was auch als Hauptreinigungsschritt einer Nassreinigung hätte durchgeführt werden können.

4.4 Verfahren zur Händehygiene

Das Verfahren zur Händehygiene umfasst das Waschen, das Abtrocknen und das Desinfizieren.

In Abhängigkeit von der Art der Produkte, den Produktionsschritten und Arbeitsabläufen kann der Desinfektionsschritt entfallen, wenn keine Kontaminationsgefahr durch pathogene Keime besteht.

Die Händehygiene gehört zu den elementaren Maßnahmen der Personalhygiene, um Kontaminationen zu vermeiden.

Jeder Mitarbeiter ist zu persönlichem Hygieneverhalten verpflichtet. Dazu gehören selbstverständlich das Händewaschen und Desinfizieren vor der Tätigkeitsaufnahme, nach dem Toilettengang, nach dem Niesen und Naseputzen, um einige Beispiele zu nennen.

Für die anzuweisende Händehygiene im Lebensmittelunternehmen ist eine risikoorientierte Betrachtung der einzelnen Verfahrensschritte in der Verantwortung des Lebensmittelunternehmers für alle Betriebsteile und Prozessschritte durchzuführen.

Je nach Bedarf ist bei schmutzigen, fettigen oder staubigen Händen eine Reinigung mit einem milden Tensid oftmals schon ausreichend. Ein Beispiel hierfür ist eine ordnungsgemäße Händereinigung verschmutzter Hände beim Schälen von erdigen Kartoffeln oder Wirken mehliger Teiglinge. Eine sich anschließende Desinfektion ist nicht immer zwingend sinnvoll und erforderlich, sondern sollte bewusst z. B. bei Arbeiten mit rohem Geflügel eingesetzt werden, um krankmachende Mikroorganismen abzutöten. Für Arbeiten mit leicht verderblichen und sehr leicht verderblichen Lebensmitteln ist eine zusätzliche Händedesinfektion vorzusehen. Das gilt auch für jeden Umgang mit rohen Erzeugnissen tierischen Ursprungs (Geflügel, Fleisch, Hackfleisch und Fisch, Muscheln und andere Meeresfrüchte) sowie nach dem Eiaufschlag, dem Panieren etc.

Grundsätzlich schließt sich eine Händedesinfektion an die Reinigung an, wenn mit einer Übertragung von möglicherweise krankmachenden Mikroorganismen zu rechnen ist.

Ein weiterer Aspekt in der Herstellung von Lebensmitteln für spezifische Verbrauchergruppen liegt in der Minimierung von Allergeneinträgen (z. B. Nuss, Soja). Hier ist eine Händehygiene als alleinige Maßnahme nicht ausreichend. Weitere Schritte sind z. B. getrennte Anlagen und Produktionsströme, erweiterte Reinigungszyklen usw.

Für die Händereinigung sind duftstofffreie, hautschonende Flüssigseifen zu verwenden. Hiermit wird Schmutz beseitigt. Gleichzeitig erfolgt eine Reduktion von Mikroorganismen. Zum Trocknen der Hände sollten hygienische Mittel (z. B. Einmalhandtücher) genutzt werden.

Händereinigungsmittel müssen zumindest für den Produktionsbereich frei von unnötigen Zusätzen wie Duftstoffen oder Farbstoffen und pflegenden Zusätzen sein. Diese dienen nicht der Reinigung, können aber bei ungenügendem Abspülen ggf. auf Lebensmittel übertragen werden. Maßnahmen zum Hautschutz und der Hautpflege und die dafür vorzusehenden Hautmittel müssen geplant werden.

Es ist darauf zu achten, dass auch die Fingerzwischenräume und die Nagelfalze gereinigt werden. Bei Bedarf muss die Händereinigung auch auf die Handgelenke und Unterarme ausgedehnt werden.

Die letzten Schritte sind immer das Abspülen und Trocknen mit einem Einmal-/Papierhandtuch. Kaltlufttrockengeräte arbeiten mit einem hohen Luftstrom, der auch im Umfeld der Geräte für Luftverwirbelungen sorgt. Daher sind diese Geräte, auch in Hinblick auf den Lärmschutz, für den direkten Einsatz im Produktionsbereich nicht zu empfehlen.

Für eine sich gegebenenfalls anschließende hygienische Händedesinfektion werden Händedesinfektionsmittel ohne Zugabe von Wasser eingerieben (siehe DIN EN 1500). Hiermit wird eine weitere Reduktion sowie eine Abtötung von Mikroorganismen, einschließlich pathogener Mikroorganismen, an den Händen erzielt.

Für die Desinfektion der Hände mit der erforderlichen Menge des bereitgestellten Mittels wird zumeist eine Dauer von 30 Sekunden empfohlen, damit auch alle Teile der Hand richtig benetzt werden. Da Menschen diese Zeitspanne nur selten korrekt einschätzen können, kann man als Orientierungspunkt schulen, dass die Hände am Ende der Zeit wieder trocken sein müssen (die erforderliche Alkoholmenge im Desinfektionsmittel verdunstet in 30 Sekunden erfahrungsgemäß vollständig).

Dabei sind folgende sechs Schritte für jeweils 5 Sekunden beim Einreiben des Mittels zu beachten:

1) Handfläche auf Handfläche, auch Handgelenke einbeziehen, reiben
2) Rechte Handfläche über linken Handrücken und umgekehrt
3) Handfläche auf Handfläche mit verschränkten, gespreizten Fingern
4) Außenseite der Finger auf gegenüberliegende Handflächen mit verschränkten Fingern
5) Kreisendes Reiben des rechten Daumens in der geschlossenen linken Handfläche und umgekehrt
6) Kreisendes Reiben mit geschlossenen Fingerkuppen der rechten Hand in der linken Hand und umgekehrt

Bei der Anwendung kombinierter Produkte (siehe auch DIN EN 1499) sind arbeitsmedizinische Aspekte zu berücksichtigen.

Kombiprodukte (antibakterielle Seifen) verursachen gerade in der Küche große Hautbelastungen und chronische Hautschäden bei den Beschäftigten, die bis zu Berufsaufgabe reichen. Aus Sicht des Arbeitsschutzes sind Kombipräparate daher nicht empfohlen.

Die Anwendungen erfolgen entsprechend den Festlegungen des Betriebes unter besonderer Berücksichtigung der Risikobewertung der Lebensmittel.

Die Entscheidung, ob eine Händedesinfektion dem Waschen der Hände folgen sollte, richtet sich nach der Risikobewertung der möglichen Keimbelastung der Hände beim vorherigen Arbeitsschritt und der nachfolgenden Tätigkeit mit Lebensmitteln unter besonderer Berücksichtigung von deren Verwendungszweck. Dabei ist das Augenmerk besonders auf roh zu verzehrende bzw. verzehrfertige Lebensmittel sowie besonders empfindliche Personengruppen als Verbraucher zu richten.

Ein weiterer Aspekt betrifft die epidemiologische Situation bezüglich bestimmter Krankheitserreger. Wenn beispielsweise erhöhte Ansteckungsgefahren bestehen, wie durch Noroviren, sollten auch entsprechend wirksame Händedesinfektionsmittel zum Einsatz gelangen.

Die rechtlichen Vorgaben zum Gesundheitsschutz der Anwender sind zu beachten (siehe die Technische Regel „Gefährdung durch Hautkontakt – Ermittlung, Beurteilung, Maßnahmen“ (TRGS 401)).

Der Arbeitsschutz der Beschäftigten steht dem Ziel der Lebensmittelsicherheit nicht entgegen.

Eine gesunde Haut behält ihre sensorischen Eigenschaften zur Wahrnehmung von Verschmutzungen.

Das Tragen von Handschuhen belastet die Haut, kann aber, da die Verschmutzung nicht wahrgenommen wird, zu einem unhygienisch sorglosen Verhalten führen, was zu gefährlichen Kontaminationen beitragen kann.

Die Notwendigkeit einer Händereinigung hängt von dem Verschmutzungsgrad der Haut und den Erfordernissen der Produktion ab. Desinfektionsmittel auf Alkoholbasis sind, richtig eingesetzt, weniger hautschädigend.

Häufiges Händewaschen mit aggressiven Tensiden schädigt die Hautbarrierefunktion, sich entwickelnde Entzündungen (die auch Ausgangspunkt für gefährliche Kontaminationen von Lebensmitteln sein können) und Infektionen wirken der Hygiene entgegen. Für Beschäftigte mit vorgeschädigter Haut kann die Anwendung von Desinfektionsmitteln mit Schmerzen verbunden und insgesamt weniger wirksam sein. Damit steigt auch die Wahrscheinlichkeit, dass Maßnahmen der Händedesinfektion umgangen werden.

Wesentliche Schutzfunktion für eine gesunde Haut hat das Rückfetten der Hände in Pausen und insbesondere am Ende der täglichen Arbeitszeit. Daher sind den Mitarbeitern Hautpflegemittel in den Pausen und Sanitärräumen anzubieten.

4.5 Gestaltung und Werkstoffbeschaffenheit von Anlagen und Oberflächen

Für eine erfolgreiche Durchführung der Reinigungs- und Desinfektionsmaßnahmen ist die hygienische Gestaltung nach DIN 10528, DIN EN 1672-2 und DIN EN ISO 14159 zu beachten.

Die hygienegerechte Gestaltung, aber auch die Anordnung der Maschinen und Geräte im Produktionsbereich, hat einen großen Einfluss auf die Wirksamkeit der Reinigungs- und Desinfektionsmaßnahmen. Schon bei der Planung von Produktionsbereichen, aber auch bei der Neubeschaffung von Maschinen und Ausrüstungselementen, sollte das berücksichtigt werden. Schwer zugängliche Bereiche oder tote Winkel lassen sich bei der Reinigung und Desinfektion schlecht erreichen und auch die gegenseitige Verschmutzung von zu eng stehenden Geräten in den Produktionsbereichen beeinträchtigt den Reinigungs- und Desinfektionserfolg.

Werkstoffauswahl und Korrosionsschutz sind von besonderer Bedeutung. Im Vordergrund stehen dabei die Gebrauchsfähigkeit der Anlagen und die Erhaltung hygienisch einwandfreier Oberflächen.

Materialien, deren Oberflächen durch Risse oder auch Korrosionserscheinungen wie Spalt- oder Lochfraß zerstört werden, verschmutzen deutlich stärker und lassen sich oft nicht mehr einwandfrei reinigen. Daher sind derartige Anlagen zu ersetzen oder deren Oberflächen, wie beispielsweise die von Schneidbrettern, wieder in einen glatten, hygienisch unbedenklichen Zustand zu versetzen. Defekte, beschichtete Oberflächen, die bereits Abspaltungen der Beschichtung aufweisen, können zur Kontamination von Lebensmitteln führen und müssen ersetzt werden.

Zur Vermeidung von Korrosionen sind unbedingt die jeweiligen Herstellerangeben zur Materialverträglichkeit zu beachten. Eine Lebensmittelkontamination durch Korrosionsprodukte ist zu vermeiden.

Um eine (zusätzliche) Korrosion durch einen fehlerhaften Einsatz von Reinigungs- und Desinfektionsmittellösungen zu verhindern, sind unbedingt die im Reinigungs- und Desinfektionsplan festgelegten Anwendungskonzentrationen und Einwirkzeiten der Chemikalien einzuhalten. Bei sichtbarem Verschleiß von Oberflächen sind diese zu reparieren oder auszutauschen.

In der Praxis können Oberflächen durch den unsachgemäßen Einsatz von Reinigungs- und Scheuermitteln beschädigt werden, so sind beispielsweise nicht alle Edelstähle gegenüber konzentrierten Säuren (Sanitärreinigern) resistent. Es ist ratsam, hier die Beratung der Einrichtungshersteller und der Hersteller bzw. Vertreiber von Reinigungsmitteln in Anspruch zu nehmen.

4.6 Entfernung der Reinigungs- und Desinfektionsmittel

Reste von Reinigungs- und Desinfektionsmitteln, die über ein technisch unvermeidbares Maß hinausgehen, sind von Oberflächen durch geeignete Verfahren, z.B. durch Abspülen mit Trinkwasser oder durch Absaugen, zu entfernen. Dies gilt nicht, wenn Rückstände von Reinigungs- und Desinfektionsmitteln weder geruchlich, geschmacklich noch toxikologisch bedenklich sind, oder wenn sie lebensmittelrechtlich zugelassene Zutaten sind. Die toxikologische Unbedenklichkeit muss durch den Hersteller nachgewiesen worden sein.

Der Nachspülschritt (vgl. Tabelle 1) mit Trinkwasser nach der Nassreinigung unter Verwendung von Reinigungsmittellösungen sowie nach der Desinfektion (vgl. Tabelle 2) kann keinesfalls unterlassen werden, wenn die Gefahr einer toxikologischen Belastung durch die verwendeten Reinigungs- und/oder Desinfektionsmittel für das Lebensmittel nicht ausgeschlossen werden kann. Da dies nur bei wenigen Inhaltsstoffen der Fall ist, sollte man generell den Nachspülschritt im normalen Ablauf der Reinigungs- und Desinfektionsmaßnahmen mit einplanen und so auslegen, dass keine vermeidbaren Rückstände von Reinigungs- und/oder Desinfektionsmitteln auf den Flächen verbleiben.

5 Zusätzliche Anforderungen

5.1 Reinigungsmittel

Reinigungsmittel enthalten einen oder mehrere aufeinander abgestimmte Wirkstoffe, die bestimmte anwendungsspezifische Aufgaben erfüllen. Einige Wirkstoffe können in Kombination in einem Reinigungsmittel angeboten werden, z. B. Aktivchlor und Alkalien, andere schließen sich gegenseitig aus, z. B. Aktivchlor und Säuren.

Bei der Auswahl der Reinigungsmittel sind Art und Grad der Verschmutzung sowie die Werkstoffe der zu reinigenden Anlage oder Fläche zu berücksichtigen.

Die Auswahl von Reinigungsmitteln richtet sich am gewünschten Reinigungsergebnis aus.

Zu berücksichtigen ist, welche Verschmutzungen unter welchen Reinigungsbedingungen beseitigt werden sollen.

Auf dem Markt wird hierfür eine Fülle anwendungsspezifischer Mittel angeboten.

Es empfiehlt sich, die Expertise der Reinigungsmittelhersteller bzw. der Anbieter zur optimalen Auswahl der Reiniger in Anspruch zu nehmen.

Das Reinigungsergebnis wirkt sich auch auf die sich anschließende, weitere Verwendung aus. Für den Ausschank kann es beispielsweise erforderlich sein, auf noch benetzte, aber hygienisch einwandfreie Biergläser zurückzugreifen. Für das Ergebnis des Reinigungsprozesses ist deshalb eine sich auf den Reinigungsvorgang und die anschließende Verwendung bzw. Aufbewahrung hin optimierte Zusammensetzung der Inhaltsstoffe von Reinigungsmitteln entscheidend.

Weitere Faktoren, die bei der Auswahl der Mittel grundlegend zu berücksichtigen sind, betreffen die vorhandene Qualität des Wassers (Wasserhärte, pH-Wert etc.), die Umweltverträglichkeit und mit Blick auf den Arbeitsschutz die Gefährdungen für die Beschäftigten bei Reinigungstätigkeiten.

Vor der regulären Anwendung sollte die Materialverträglichkeit der eingesetzten Reinigungsmittel in der konkreten Anwendung geprüft werden. Sonst können bei Fehlanwendung ggf. hohe Folgekosten durch eine Beschädigung von Oberflächen entstehen.

5.2 Desinfektionsmittel

Desinfektionsmittel enthalten einen oder mehrere aufeinander abgestimmte Wirkstoffe. Aktivchlor und Aktivsauerstoff abspaltende Wirkstoffe können in Reinigern enthalten sein und so genannte kombinierte Reinigungs- und Desinfektionsmittel darstellen. Bei der Auswahl des Desinfektionsmittels sind der Einsatzzweck, das Wirkungsspektrum (fungizid, bakteriozid, levurozid, viruzid, sporozid), das vorher eingesetzte Reinigungsmittel und eine mögliche Anpassung von Mikroorganismen sowie die Werkstoffe der zu desinfizierenden Anlage oder Fläche zu berücksichtigen. Es müssen nachweislich wirksame Desinfektionsmittel eingesetzt werden.

ANMERKUNG Als nachweislich wirksam gelten Präparate, die nach den einschlägigen DIN-EN-Normen auf Wirksamkeit geprüft und als Biozid zugelassen sind. Derartige Präparate sind z. B. in den Desinfektionsmittellisten des Industrieverbandes Hygiene und Oberflächenschutz (IHO), der Deutschen Veterinärmedizinischen Gesellschaft (DVG) und der Deutschen Landwirtschafts-Gesellschaft (DLG) sowie des Verbundes für Angewandte Hygiene (VAH) aufgeführt.

Bei der Auswahl von Desinfektionsmitteln im Lebensmittelbereich steht die Wirksamkeit unter Beachtung der Zielstellung der Maßnahme im Vordergrund.

Desinfektionsmittel müssen nach der Biozid-Verordnung für den Einsatz in Lebensmittelbetrieben zugelassen sein (Zulassung der BAuA)[3] und der geplante Einsatzzweck in der Anwendungsbeschreibung ausgewiesen sein.

Für Desinfektionsmittel, die in der Personalhygiene zum Einsatz kommen, muss eine Zulassung und Registrierung gemäß dem Arzneimittelgesetz bzw. dem Medizinproduktegesetz vorliegen. Es liegt in der Verantwortung der Lebensmittelunternehmen, bei der Auswahl von Reinigungs- und Desinfektionsmitteln die Gefährdung der Haut und die von Gefahrstoffen ausgehendenden Gefährdungen zu beurteilen und diese in der Festlegung von Schutzmaßnahmen entsprechend zu berücksichtigen.

Weitere Aspekte sind die Materialverträglichkeit und gesundheitliche Beanspruchung der Beschäftigten, d. h. welcher Umfang an Schutzmaßnahmen und Unterweisung sich aus dem Einsatz ableiten muss.

3 „Datenbank der gemeldeten Biozidprodukte" der Bundesstelle für Chemikalien (BfC), ein Fachbereich der Bundesanstalt für Arbeitsschutz und Arbeitsmedizin (BAuA) abrufbar

Mit Rückgriff auf gelistete Produkte (VAH-, DVG-, IHO-, DLG-Liste) wird die Auswahl deutlich erleichtert. Für die Abstimmung mit den zuständigen Aufsichtsstellen und/oder dem Betriebsarzt / der Betriebsärztin liegt der Nachweis der Wirksamkeit für die Anwendungsbewertung (Keimspektrum, Matrix, Dosierung und Anwendungskonzentration, Einwirkzeit, Temperatur) für gelistete Produkte bereits vor. Die entsprechenden Zertifikate müssen dann nur noch entsprechend auf ihre Aktualität hin geprüft werden.

Vor der regulären Anwendung sollte die Materialverträglichkeit der eingesetzten Desinfektionsmittel in der konkreten Anwendung geprüft werden. Auch hier können bei Fehlanwendung ggf. hohe Folgekosten durch eine Beschädigung von Oberflächen entstehen.

Der Einsatz von Desinfektionsmitteln sollte im Rahmen der betrieblichen Verifizierung kontrolliert werden und ggf. ein Wechsel der Wirksubstanzen wegen unzureichender Wirksamkeit oder anderer Unzulänglichkeiten (Umwelt- und Arbeitsschutz, Korrosion) erfolgen.

In seltenen Fällen kann auch ein Grund für einen Wechsel die Vermeidung einer Resistenzbildung von Bakterien in kritischen Anwendungen sein.

Ein nachhaltiger Einsatz kann durch die bevorzugte Wahl umweltverträglicher Mittel und deren korrekter Dosierung erreicht werden.

5.3 Handhabung und Lagerung von Mitteln zur Reinigung und Desinfektion

5.3.1 Handhabung

Ein Verwechseln oder versehentliches Verwenden der Reinigungs- und Desinfektionsmittel bei der Lebensmittelherstellung muss ausgeschlossen werden. Die Stoffe sind als Reinigungs- und Desinfektionsmittel auszuweisen. Reinigungs- und Desinfektionsmittel sind zur Vermeidung einer nachteiligen Beeinflussung der Lebensmittel in getrennten Bereichen und verschlossenen Behältnissen aufzubewahren.

Bei Reinigungs- und Desinfektionsmitteln handelt es sich in der Regel um konzentrierte Lösungen von Wirkstoffen; sie sind sehr häufig Gefahrstoffe im Sinne der Gefahrstoffverordnung.

Darüber hinaus ist der Hersteller von Reinigungs- und Desinfektionsmitteln verpflichtet, gemäß Gefahrstoffverordnung dem Anwender das aktuelle Sicherheitsdatenblatt zur Verfügung zu stellen. Dies enthält alle wichtigen

Informationen, um im Umgang mit dem Produkt die erforderlichen Maßnahmen zum Schutz der Umwelt und zum Schutz der Arbeitnehmer treffen zu können (z. B. Erste-Hilfe-Maßnahmen, Handhabung und Lagerungs- und Haltbarkeitshinweise).

Bei Verwendung von Gefahrstoffen besteht für den Lebensmittelunternehmer die Verpflichtung zur Erstellung von Betriebsanweisungen im Umgang mit den eingesetzten Gefahrstoffen und zur Durchführung von Unterweisungen. Näheres regeln die Gefahrstoffverordnung sowie die Technische Regel „Betriebsanweisung und Information der Beschäftigten" (TRGS 555).

ANMERKUNG Reinigungsmittel können je nach Zusammensetzung der Verordnung über Anlagen zum Umgang mit wassergefährdenden Stoffen (AwSV) unterliegen.

Die bei der Handhabung, dem Einsatz und der Lagerung von Desinfektionsmittel auftretenden Gefährdungen für die Beschäftigten und den laufenden Betrieb können leicht unterschätzt werden. Für den Einsatz von Gefahrstoffen ist deshalb vom Unternehmer bzw. der Unternehmerin ein Gefahrstoffverzeichnis, eine Gefährdungsbeurteilung und Betriebsanweisung zu erstellen und das Personal zu unterweisen.

Das Einbringen von Desinfektionsmitteln in die Atemluft in Gegenwart von Personal ist nicht zulässig und widerspricht dem STOP-Prinzip der Gefahrstoffverordnung. Der Unternehmer ist verpflichtet, zu prüfen, ob der fragliche verwendete Gefahrstoff nicht durch weniger gefährliche Inhaltsstoffe ersetzt werden kann.

Desinfektionsmaßnahmen, die über eine Begasung oder Ausbringung in die Luft der Arbeitsumgebung erfolgen, setzen Sachkunde und die Beauftragung zur Durchführung von dafür befähigten Personen voraus.

Umfassende Hilfestellungen und Empfehlungen zur Umsetzung des Technischen Regelwerks, der Gefahrstoffverordnung und des DGUV-Regelwerks finden Sie z. B. in den Schriften der DGUV oder dem zuständigen Unfallversicherungsträger bzw. der Unfallkasse.

5.3.2 Anwendung und Dosierung

Es ist auf eine exakte Einhaltung der vorgegebenen Anwendungskonzentrationen der Mittel zur Reinigung und Desinfektion zu achten. Diese ist zur Erzielung der angestrebten Wirkung erforderlich.

Die Hersteller von Reinigungs- und Desinfektionsmitteln geben in der Regel umfassende Anwendungs- und Dosierungshinweise. Bei Ansatz von Reinigerlösungen oder Desinfektionsmittellösungen sind die Herstellerangaben, auch hinsichtlich der Wasserhärte, zu beachten. Ggf. muss aufbereitetes Wasser verwendet werden.

ANMERKUNG Bei zu hoher Wasserhärte können Härtebildner als unlösliche Salze ausfallen und zu Ablagerungen, Verkrustungen, Verkalkung oder Steinbildung führen. Dadurch können Wirkungsverluste und mikrobiologische Probleme auftreten.

Automatische Dosiersysteme sind für die eingesetzten Reinigungs- und Desinfektionsmittel vorteilhaft. Dosierhilfen für manuellen Ansatz von Lösungen müssen eine genaue Dosierung ermöglichen. Grundsätzlich sind die Konzentrate dem vorgelegten kalten Wasser zuzufügen.

Nur bei Einhalten der vorgegebenen und aufeinander abgestimmten Bedingungen, wie Konzentration der Mittel, Einwirkzeit und -temperatur, ist der beabsichtigte Reinigungs- bzw. Desinfektionserfolg sicherzustellen. Die korrekte Dosierung dient der Optimierung der Wirksamkeit der eingesetzten Mittel und der Minimierung der durch sie hervorgerufenen Umweltbelastungen und der Vermeidung überhöhter Rückstände sowie der Vermeidung der Schädigung von Anlagen, Vorrichtungen und Geräten. Abweichungen von den Anwendungshinweisen können zu Wirksamkeitsverlusten und zu Gefahrensituationen für Reinigungspersonal und Umwelt führen.

Wesentliche Ursache für ein schlechtes Ergebnis einer Oberflächendesinfektionsmaßnahme besteht darin, dass der vorausgehende Reinigungsschritt nicht ordnungsgemäß durchgeführt wurde, d. h. die Verschmutzungslast noch zu hoch war und/oder das Desinfektionsmittel anschließend in einer falschen Konzentration aufgebracht bzw. mit einer zu geringen Einwirkzeit angewandt wurde.

So ist eine korrekte Dosierung aus der Sicht der Wirksamkeit der Maßnahme sowie aus Umweltschutzgründen essenziell. Dafür sind Dosierhilfen sehr hilfreich; sie sind aus Sicht des Arbeitsschutzes und der Hygiene für eine sichere Handhabung konzentrierter Lösungen einzusetzen.

Von Vorteil ist es, wenn gebrauchsfertige Lösungen zum Einsatz kommen können. Hier ist die Anwendungs-Konzentration bereits vom Hersteller eingestellt und die Verwendung durch die Behälter leichter handhabbar.

Dies ist aber leider nur begrenzt möglich. Gerade bei der Reinigung und Desinfektion großer Maschinen oder Flächen sowie auch der Fußböden in der Produktion wird in der Regel aus einem Konzentrat des Reinigungs- oder Desinfektionsmittels eine Gebrauchslösung herzustellen sein.

Durch eine unsachgemäße Anwendung kann es z. B. beim Mischen aus Vorratsbehältern zu schweren Verätzungen oder aufgrund der Nähe zu Wärmequellen (Gasgrill, Propangasbrenner) zu Bränden mit schwereren Folgen kommen. Dies betrifft beispielsweise alkoholhaltige, chlorhaltige und peroxidhaltige Produkte.

Sekundärkontamination durch mikrobielle Besiedelung im Desinfektionsmittel bzw. Händedesinfektionsmittelspender können in seltenen Fällen auftreten und sind nur schwer auffindbar. Eine vorbeugende, routinemäßige Überwachung der Behälter-Anbruchzeiten und die wirksame Reinigung der Spender ist deshalb vorzusehen.

5.3.3 Lagerung

Bei der Lagerung von Reinigungs- und Desinfektionsmitteln in Lebensmittelunternehmen sind die Verordnung (EG) Nr. 852/2004, die Gefahrstoffverordnung und die Technische Regel „Lagerung von Gefahrstoffen in ortsbeweglichen Behältern“ (TRGS 510) zu berücksichtigen. Weitere Bestimmungen zum Schutz der Umwelt sind zu beachten (u. a. Wasserhaushaltsgesetz und die Verordnung über Anlagen zum Umgang mit wassergefährdenden Stoffen (AwSV)).

Die Lagerung von Reinigungs- und Desinfektionsmittel-Vorräten erfolgt ganz grundsätzlich außerhalb des Lebensmittelproduktionsbereiches, um die Lebensmittelsicherheit nicht zu gefährden. Lediglich die für die Reinigungs- und Desinfektionsarbeiten benötigten Behandlungsmittel können, unter Beachtung der Anforderungen zum sicheren Umgang mit Gefahr- bzw. Inhaltsstoffen, überhaupt am Arbeitsplatz bereitgehalten werden.

Um Verwechslungen ausschließen zu können, ist eine eindeutige Kennzeichnung der Gebinde zu Inhalt, Einsatzbereich, Konzentration, Haltbarkeit sowie sicherheitstechnischen und gesundheitlichen Warnhinweisen erforderlich. Es empfiehlt sich, das dafür zuständige, sachkundige Personal zu benennen.

Für die Lagerhaltung, Tätigkeiten mit Gefahrstoffen, Umfüll- bzw. Mischvorgänge müssen die Betriebsanweisung und Schutzmaßnahmen gemäß der Gefährdungsbeurteilung beachtet werden. Beschäftigte müssen ggf. auch zum Gebrauch vorgegebener, persönlicher Schutzausrüstung im Umgang mit Gefahrstoffen unterwiesen werden. Maßnahmen der arbeitsmedizinischen Vorsorge ergeben sich entsprechend aus den Vorgaben der Arbeitsmedizinischen Vorsorgeverordnung (ArbMedVV).

Umfassende Hilfestellungen und Empfehlungen zur Umsetzung des Technischen Regelwerks, der Gefahrstoffverordnung, der Arbeitsmedizinischen Vorsorgeverordnung und des DGUV-Regelwerks finden Sie z. B. in den Schriften der DGUV oder dem zuständigen Unfallversicherungsträger bzw. der Unfallkasse.

6 Erstellen eines Reinigungs- und Desinfektionsplans

Alle wichtigen Kriterien zu Reinigungs- und Desinfektionsverfahren sollten in einem betriebsspezifischen Reinigungs- und Desinfektionsplan festgelegt werden (wo-was-wann-wie-womit-wer). Dieser sollte regeln:

- die zu reinigenden und gegebenenfalls zu desinfizierenden Bereiche, Anlagen und Gegenstände;
- die Häufigkeit der durchzuführenden Reinigung und der durchzuführenden Desinfektion;
- die anzuwendenden Reinigungs- und Desinfektionsverfahren (gegebenenfalls einschließlich anzuwendender mechanischer und chemischer Behandlung);
- die gegebenenfalls einzusetzenden Reinigungs- und Desinfektionsmittel mit den nötigen Anwendungsbedingungen (Konzentration, Temperatur und Einwirkzeiten);
- die Zuständigkeit für die Durchführung.

Der betriebliche Reinigungs- und ggf. Desinfektionsplan ist ein wichtiges Instrument zur praktischen Umsetzung von Reinigungs- und ggf. notwendigen Desinfektionsmaßnahmen. Dieser Plan ist Bestandteil des Hygieneplans eines jeden Betriebes. Er sollte immer aktuell sein und bei Änderungen der oben aufgeführten Punkte unter Beachtung der „6-W-Fragen“ (Wo-Was-Wann-Wie-Womit-Wer) aktualisiert werden.

Die Mitarbeiter sind nachweislich im Zuge der Ersteinweisung am Arbeitsplatz und bei folgenden Hygieneschulungen erneut in den ihnen verantwortlich zugewiesenen Hygienearbeiten zu schulen (siehe Kapitel 10 *Schulung*).

Ein Beispiel für die Strukturierung eines Reinigungs- und Desinfektionsplans ist im Anhang A angegeben.

Das Beispiel für einen Reinigungs- und ggf. Desinfektionsplan in Anlage A ist als Information zu verstehen und kann auch als Vorgabedokument (Formular) für so einen betrieblichen Plan verwendet werden. Dabei müssen die Angaben je nach Verfahrensschritt entsprechend zugeordnet erfolgen. Bei der Reinigung und Desinfektion in zwei Schritten würde so ein Plan aus zwei Teilen bestehen: Ein Teil für die Reinigung und ein zweiter Teil für die Desinfektion.

7 Kontrolle der Wirksamkeit von Reinigung und Desinfektion

7.1 Allgemeines

Aus der Risikobewertung des Lebensmittelunternehmers ergeben sich die für die Prüfung der Wirksamkeit der Reinigung und Desinfektion erforderlichen Kontrollen und Verfahren.

Grundsätzlich gilt, dass Lebensmittelbetriebe nicht nur verpflichtet sind, eine ordnungsgemäße Reinigung und Desinfektion durchzuführen, sondern sie müssen auch im Rahmen von Eigenkontrollen die Wirksamkeit dieser Maßnahmen nachweisen und dokumentieren.

Für die Überprüfung der Oberflächen gibt es verschiedene Prüfverfahren, die vom Anwender entsprechend dem Reinigungs- und Desinfektionsziel auszuwählen sind. Die nachfolgenden Aufzählungen sind nicht abschließend.

7.2 Prüfung der Reinigungswirkung

Die Reinigungskontrolle kann visuell auf Sauberkeit und unter Verwendung von Schnelltests, die den Restschmutz oder Teile davon sichtbar machen können, erfolgen. Die Methoden unterscheiden sich einerseits in ihrem Equipment, vom einfachen, manuell auswertbaren Filterstreifentest bis zu Notwendigkeit der

Auswertung über ein spezielles Messgerät (bspw. zum ATP-Nachweis), andererseits aber auch in ihrer Aussage zur Art der Restverschmutzung:

– Nachweis der Sauberkeit	Visuelle Kontrolle
– Nachweis von Proteinen	Proteinnachweismethode (Biuretmethode)
– Nachweis von Stärke, Fetten, Ölen	Kaliumjodid-Test
– Nachweis unerwünschter organischer Substanzen	Farbtest auf Basis von NAD, NADH, NADP und NADPH (Nicotinamid-adenindinucleotid, Nicotin-amid-adenin-dinucleotid-phosphat)
– Nachweis unerwünschter organischer Substanzen	Lumineszenztest auf Basis von Adenosintriphosphat (ATP)

Die Überprüfung der Reinigungswirkung dient u. a. auch als Screening für die Entscheidung, ob eine Desinfektion erfolgen kann, d. h., die Flächen müssen sauber sein für eine wirksame Desinfektion.

Zweifellos ist die tägliche, gründliche, visuelle, eigentlich besser gesagt: sensorische (Sehen, Fühlen, Riechen) Kontrolle der gereinigten Flächen auf Sauberkeit durch nichts zu ersetzen.

Die gereinigten Bedarfsgegenstände und Flächen müssen optisch sauber sein, d. h., es darf kein (angetrockneter) Schmutz mehr zu sehen oder zu fühlen sein und es darf auch nicht unangenehm riechen.

Neben der visuellen Kontrolle auf Sauberkeit haben auch zunehmend Schnelltests zum Nachweis von Schmutzresten an Bedeutung gewonnen. Mit ihnen kann man die Restverschmutzung des schlecht gereinigten Bereichs messtechnisch oder über eine Farbreaktion sofort sichtbar machen.

7.3 Prüfung der Desinfektionswirkung

Für die Bewertung der mikrobiologischen Prüfung von Flächen gelten die in Tabelle 4 angegebenen Bewertungsmaßstäbe.

Zur Prüfung des Desinfektionserfolgs werden routinemäßig folgende Keimgruppen in die Bewertung mit einbezogen:

– Nachweis von aeroben Bakterien, Hefen und Schimmelpilzen	Abklatschverfahren nach DIN 10113-3
– Nachweis von aeroben Bakterien, Hefen und Schimmelpilzen	Tupferverfahren nach DIN 10113-1 und DIN 10113-2
– Nachweis von aeroben Bakterien, Hefen und Schimmelpilzen	Spülverfahren

Darüber hinaus gibt es weitere mikrobiologische Prüfverfahren, die betriebsspezifisch festgelegt werden können.

Die Desinfektion soll Krankheitserreger abtöten sowie alle übrigen Bakterien, Hefen und Schimmelpilze ausreichend reduzieren.

Ob dieses Ziel durch die Reinigung und Desinfektion erreicht wurde, kann nur durch mikrobiologische Wirksamkeitskontrollen zur Bestimmung des Restkeimgehaltes belegt werden.

Dazu erfolgt auf sauberen und abgetrockneten Flächen deren mikrobiologische Untersuchung.

Das Probenahmeverfahren richtet sich in erster Linie nach der Zugänglichkeit der zu überprüfenden Flächen für das Probenahmegerät. Die Entnahme der Proben muss so erfolgen, dass es zu keiner sekundären Keimkontamination der Probe kommt und so, dass nach Probenahme die Proben unverzüglich bis zur mikrobiologischen Untersuchung im Labor gekühlt werden. Für nicht durch Abklatsch- oder Tupferverfahren überprüfbare Flächen ist die Probenahme im Spülverfahren nach DIN 10546 möglich.

Tabelle 4 – Mikrobiologische Grenzwerte auf Flächen nach Reinigung und Desinfektion

Mikroorganismen	Annehmbar KBE[d]/100 cm^2	Nicht annehmbar KBE[d]/100 cm^2
Aerobe mesophile Keime	≤ 100	> 100
Enterobacteriaceae[a]	n. n.[b, c]	≥ 1[c]

a Flächen bei der Verarbeitung leicht verderblicher Lebensmittel.
b n. n.: nicht nachweisbar.
c Die Nachweisgrenze richtet sich nach dem eingesetzten Prüfverfahren.
d Koloniebildende Einheiten (KBE)

Tabelle 4 zeigt die tolerierbare allgemeine Keimbelastung auf hygienisch einwandfreien Flächen.

Die Untersuchung des Restkeimgehalts der Proben auf die aeroben mesophilen Keime ist generell obligatorisch.

Die zusätzliche Untersuchung auf *Enterobacteriaceae* (Darmbakterien) wird für Flächen insbesondere bei der Verarbeitung leicht verderblicher und sehr leicht verderblicher Lebensmittel empfohlen. Dieser Nachweis erhöht die Sicherheit der Aussage zur Effektivität der Desinfektionsmaßnahme.

Die wissenschaftliche Expertise und die Sachverständigen, insbesondere der Lebensmittelaufsicht, haben sich länderübergreifend auf allgemeingültige Anforderungen geeinigt.

Der Grenzwert für „annehmbar“ als Hygieneergebnis wurde für die aerobe mesophile Keimzahl mit 100 KBE je 100 cm^2 beprobte Fläche festgelegt; *Enterobacteriaceae* sollten nach korrekter Reinigung und Desinfektion nicht nachweisbar sein (n. n.).

Wenn eine aerobe mesophile Keimzahl von mehr als 100 KBE/100 cm^2 nachgewiesen wird, kann das nicht toleriert werden, denn das weist auf eine schlechte Reinigung und ggf. Desinfektion hin. Ein *Enterobacteriaceae*-Gehalt von > 1 KBE/100 cm^2 zeigt, dass die Desinfektion nicht wirksam war.

In Abhängigkeit von der Produktpalette sollte das Untersuchungsspektrum erweitert werden.

Es kann aufgrund der Risikoeinschätzung der herzustellenden Produkte sinnvoll sein, weitere Keime mit in die mikrobiologische Reinigungs- und Desinfektionskontrolle einzubeziehen. Das können weitere Hygieneindikatorkeime wie beispielsweise Hefen, Schimmelpilze und Pseudomonaden oder auch die Produktion ggf. störende Laktobazillen sein.

Bei Produkten, die der mikrobiologischen Kontrolle nach Verordnung (EG) Nr. 2073/2005 unterliegen, ist DIN EN ISO 18593 als Referenzverfahren heranzuziehen.

Ein besonderes Augenmerk gilt Lebensmittelbetrieben, die Produkte herstellen, die nach der Verordnung (EG) Nr. 2073/2005 auf *Salmonellen* oder *Listeria monocytogenes* untersucht werden müssen. Lebensmittelunternehmer, die verzehrfertige Lebensmittel herstellen, die ein durch *Listeria monocytogenes* verursachtes Risiko für die öffentliche Gesundheit bergen könnten, müssen im Rahmen ihrer Eigenkontrollen Proben auch aus den Verarbeitungsbereichen und Ausrüstungsgegenständen auf *Listeria monocytogenes* untersuchen.

7.4 Überprüfung der Reinigungs- und Desinfektionswirkung von Prozessen in Geschirr und Gläserspülmaschinen und des Hygienezustands des Spülgutes

– Nachweis der Sauberkeit	Visuelle Kontrolle
– Nachweis der Desinfektionsleistung nach DIN 10510	Abklatschverfahren nach DIN 10510, DIN 10511 und DIN 10512
– Nachweis der Keimreduktion nach DIN 10510	Bioindikatoren für Spülmaschinen nach DIN 10510, DIN 10511 und DIN 10512

Um sicher zu sein, dass die Spülmaschinen auch ordnungsgemäß arbeiten, ist es wichtig, deren hygienische Arbeitsweise kontinuierlich zu überprüfen. Die Handlungsempfehlungen dafür geben die in der Aufzählung genannten nationalen DIN-Normen.

In den DIN-Normen beschrieben sind

- die laufende Kontrolle der Dosierung der Behandlungsmittel (Reiniger, Klarspüler) sowie
- Temperaturmessungen in den Reinigertanks zur Überprüfung der Solltemperaturen.
- Darüber hinaus sollte nach Aufstellung und Inbetriebnahme der Maschinen und nachfolgend in bestimmten Abständen umfassend die Wirksamkeit deren Reinigung und Desinfektion visuell und mikrobiologisch kontrolliert werden.

Die mikrobiologische Überprüfung des hygienischen Betreibens einer Spülmaschine kann, je nach Aufgabenstellung, folgende Teile betreffen:

- Überprüfung des Oberflächenkeimgehalts auf dem Spülgut,
- Bestimmung der aeroben mesophilen Keimzahl in der Reinigerlösung,
- Untersuchung der Keimreduzierungsraten mittels Bioindikatoren.

Die mikrobiologische Kontrolle des Spülgutes sollte neben der täglichen visuellen Kontrolle auch routinemäßig im Rahmen der betrieblichen Eigenkontrollen eingeplant werden.

Die Überprüfung der Spülmaschine mittels Bioindikatoren empfiehlt sich insbesondere in Bereichen, in denen mit Geschirr umgegangen wird, welches zur Versorgung besonders empfindlicher Verbrauchergruppen (wie beispielsweise Personen in Krankenhäusern, Alten- und Pflegeheimen) verwendet wird. Bei dieser (umfassenden) Prüfung werden besteckähnliche Prüfkörper, die vor dem Spülprozess mit Testschmutz und einer definierten Menge eines Testkeims beladen wurden, mit der Spülmaschine gespült. Anhand des Restkeimgehaltes auf den Prüfkörpern kann festgestellt werden, ob die Maschine korrekt arbeitet. Umfängliche Kontrollen der Maschinen sollte man Fachfirmen, z. B. im Rahmen der Instandhaltung, übertragen.

7.5 Überprüfung der Reinigungs- und Desinfektionswirkung von Prozessen in Spülmaschinen für Mehrwegkästen und Mehrwegbehältnisse (MKB) und des Hygienezustandes des Spülgutes

– Nachweis der Sauberkeit	Visuelle Kontrolle
– Nachweis der Desinfektionsleistung	Abklatschverfahren nach DIN 10522
– Nachweis der Keimreduktion	Bioindikatoren für Spülmaschinen nach DIN 10522

Alle mobilen Bedarfsgegenstände müssen ebenfalls durch Reinigung und Desinfektion vor (Wieder-)Verwendung in einen hygienisch einwandfreien Zustand versetzt werden. Das betrifft z. B. Werkzeuge, Mehrwegkästen und Mehrwegtransportbehältnisse. Zur Bewältigung großer Mengen solcher Spülgüter sind gewerbliche Spülmaschinen in den Betrieben unentbehrlich. Auch aus hygienischer Sicht sind maschinelle Spülverfahren den manuellen vorzuziehen, weil bei Beachtung aller Hygieneanforderungen vor, während und nach dem Spülprozess das maschinell gereinigte Spülgut einfach sauberer und mikrobiologisch unbedenklicher wird.

8 Kontrollen auf Reinigungs- und Desinfektionsmittelrückstände

8.1 Allgemeines

Reinigungs- und Desinfektionsmittel sind so von Oberflächen zu entfernen, dass es bei Lebensmittelkontakt zu keiner Kontamination von Lebensmitteln kommen kann.

Aus technologischen Gründen lässt sich ein Eintrag von Reinigungs- und Desinfektionsmittelresten im Lebensmittelbereich nicht hundertprozentig ausschließen.

Gemäß den Anforderungen der VO (EG) Nr. 852/2004 ist jedoch zu gewährleisten, dass keine Rückstands-Konzentrationen von Reinigungs- und Desinfektionsmitteln mehr im Lebensmittel vorhanden sind, die zur gesundheitlichen Beeinträchtigung beim Verbraucher führen können.

Dabei kann es aufgrund der Vielfalt der eingesetzten Stoffe keinen generellen, festgelegten Konzentrationswert geben. Zu bedenken sind auch migrationsbedingte Einträge aus Lebensmittelkontaktstoffen. Weitere Informationen hierzu gibt die DIN 10528.

Aus der Risikobewertung des Lebensmittelunternehmers ergeben sich die für die Prüfung auf Reinigungs- und Desinfektionsmittelrückstände erforderlichen Kontrollen und Verfahren. Die Auswahl der laborgestützten Testverfahren richtet sich nach den spezifischen Anforderungen des Reinigungs- und Desinfektionsmittelverfahrens.

Für den geplanten Einsatz von Reinigungs- und Desinfektionsverfahren in industriellen Produktionsanlagen, Silos und Transportfahrzeugen sollte bereits bei deren Validierung die Aspekte verbliebener Rückstände von Reinigungs- und Desinfektionsmitteln und/oder Stoffen aus der Migration von Lebensmittelkontaktmaterialien abdeckt werden.

Die quantitative Erfassung erfolgt durch physikalische oder chemische Nachweismethoden, deren Sensitivität und Spezifität an den zu erwartenden Konzentrationen verbliebener Rückstände für das zu erwartende Lebensmittelspektrum ausgelegt sein muss.

Im handwerklichen und mittelständischen Bereich sind Spülgänge mit ausreichenden Mengen an Trinkwasser in der Regel für die eingesetzten handelsübliche Reinigungs- und Desinfektionsmittel ausreichend. Dabei sind die Herstellerempfehlungen und/oder Empfehlungen des Vertriebs zur Abreinigung verbliebender Rückstände zu beachten.

Zum Nachweis von Reinigungs- und Desinfektionsmittelrückständen auf Oberflächen und im Spülwasser sind folgende Methoden Stand der Technik.

8.2 Oberflächen

Die Messung erfolgt unmittelbar auf der gereinigten, gespülten gegebenenfalls abgetrockneten Fläche, z. B. durch:

- Analyse von Tupferproben mittels HPLC (Hochleistungsflüssigchromatographie) und GC (Gaschromatographie) auf Tensidart und Menge;
- Analyse von Tupferproben auf TOC (en: total organic carbon).

HPLC und GC sind reine Trennsysteme, die qualitative und quantitative Bestimmung hängt vom nachgeschalteten Detektorensystem ab (Massenspektrometer, UV/VIS Spektrometer).

Die Norm führt beispielhaft die gängigen Probenahmeträger und Analysegeräte auf. Angaben zu Leistungskriterien und Spezifikationen der Analytik übersteigen den Anwendungsbereich dieser Norm. Hier kann nur auf das Regelwerk zur Analytik und spezifische Normen verwiesen werden.

Andere Trennsysteme und Verfahren, die die Leistungsanforderungen in gleicher Weise erfüllen, können ebenfalls zur Anwendung kommen, vorausgesetzt, sie sind für den Einsatz entsprechend validiert.

Orientierend können im Rahmen der Eigenkontrolle zum Nachweis von Reinigungs- und Desinfektionsmittelresten auch am Markt eingeführte Schnelltests verwendet werden.

Schnelltests können keine belastbaren quantifizierbaren Ergebnisse erzielen, da sie u. U. störanfällig, unspezifisch und nicht mit Daten anderer Erhebungen direkt vergleichbar sind. Schnelltests sind aufgrund des im Vergleich zu laboranalytischen Methoden geringeren Kostenaufwands, einer geringeren Personalintensität und der kurzzeitigen Ergebniserzielung für die Zustandsermittlung im Produktionsprozess und als Entscheidungsparameter zur Auslösung weiterführender Maßnahmen sehr hilfreich. Außerdem lassen sie sich als optisches Schulungsmittel nutzen, um den Mitarbeitern richtiges Verhalten und mögliche Fehler bei Missachtung von Anweisungen bei Reinigungsmaßnahmen zu demonstrieren.

8.3 Spülwasser

Die Messung erfolgt unmittelbar im letzten Spülwasser aus z. B. der Tankreinigung oder CIP-Reinigung, z. B. durch:

- Analyse von Tupferproben auf TOC;
- Messung des pH-Wertes;
- Messung der Leitfähigkeit;
- Messung der Oberflächenspannung mit einem Tensiometer oder mit dem Kampfer-Test (Schnelltest);
- Schnelltests auf Reste von Chlor oder Peressigsäure mittels Teststäbchen oder Testkit;
- Messung des Brechungsindex.

Die Probenahme und Untersuchung von Spülwasser sollte man zur Vermeidung von fehlerhaften Analysen Mitarbeitern des Laboratoriums überlassen, die auch die nachfolgenden Untersuchungen durchführen. Das kann ein betriebseigenes Labor oder ein Dienstleister sein.

Die Norm führt beispielhaft die gängigen Probenahmeträger und Messverfahren auf. Angaben zu Leistungskriterien und Spezifikationen der Analytik übersteigen den Anwendungsbereich dieser Norm. Hier kann nur auf das Regelwerk zur Analytik und Qualitätssicherung verwiesen werden. Anforderungen ans Labor sind in DIN EN ISO 7218 niedergelegt.

Andere Verfahren oder Schnelltests, die die Leistungsanforderungen in gleicher Weise erfüllen, können ebenfalls zur Anwendung kommen, vorausgesetzt, sie sind für den Einsatz entsprechend validiert.

9 Reinigung, Pflege und Wartung der Reinigungs- und Desinfektionsgeräte sowie Reinigungsutensilien

Alle für die Reinigung und Desinfektion verwendeten Geräte, Maschinen und Reinigungsutensilien müssen gereinigt, gepflegt und gewartet werden, damit sie funktionstüchtig und hygienisch einwandfrei sind. Dabei sind die Herstellerangaben zu berücksichtigen. Es empfiehlt sich, einen entsprechenden Reinigungs-, Pflege- und Wartungsplan zu erstellen und die Wartungsarbeiten zu dokumentieren.

Die gereinigten Geräte und Reinigungsutensilien sind hygienisch einwandfrei zu lagern.

Selbstredend können nur gute Ergebnisse in der Reinigung und Desinfektion erzielt werden, wenn die eingesetzten Reinigungsutensilien selbst nicht verschmutzt sind oder gar als Quelle für die Übertragung von Mikroorganismen fungieren.

Für Reinigungs- und Desinfektionsgeräte müssen die Vorgaben der Betriebssicherheitsverordnung erfüllt werden. Für den Betrieb und die Instandhaltung sind vom Betreiber die Angaben des Herstellers zu beachten und ggf. notwendige Schutzmaßnahmen in der Gefährdungsbeurteilung aufzunehmen. Mit der Einhaltung der empfohlenen Wartungs- und Service-Zyklen werden sicherheitstechnische Aspekte abgedeckt.

Der Reinigung von Reinigungsutensilien und Reinigungsgeräten ist besondere Aufmerksamkeit zu widmen, da sie zumeist am Ende der Schicht erfolgt oder durch Externe durchgeführt wird.

Dosiergeräte müssen regelmäßig auf Genauigkeit der Dosierung überprüft und eingestellt werden.

Mit der Überprüfung sind zwei Aspekte angesprochen: Die Wirksamkeit der Reinigungs- und Desinfektionsmittel beruht auf einer möglichst exakten Dosierung. Außerdem werden Arbeitsunfälle vermieden, da funktionstüchtige Dosiergeräte bei richtigem Gebrauch Gefährdungen durch Mischvorgänge vorbeugen.

10 Schulung

Die Schulung der Mitarbeiter zu Fragen der Betriebshygiene erfolgt nach DIN 10514. Weiterhin ist der ordnungsgemäße Umgang mit den Reinigungs- und Desinfektionsmitteln unter Berücksichtigung der Technischen Regeln für Gefahrstoffe, der Betriebsanweisung und die Unterweisung der Beschäftigten in der Schulung zu berücksichtigen.

Zur Durchführung der Hygieneschulung gibt die DIN 10514 eine gute, allgemeine Hilfestellung. Dabei ist es sinnvoll, dass die Mitarbeiter, die mit der Durchführung der Reinigungs- und ggf. Desinfektionsmaßnahmen beauftragt werden, konkret über die Arbeitsabläufe und einzusetzenden Mittel in den ihnen zugeordneten Bereichen geschult werden und über den Reinigungs- und Desinfektionsplan Bescheid wissen.

Da die Mitarbeiter Tätigkeiten mit Gefahrstoffen und Biostoffen bei Reinigungs- und Desinfektionstätigkeiten durchführen, sind gemäß Gefährdungsbeurteilung wiederkehrende und anlassbezogene (z.B. bei Änderung der Betriebsabläufe/Verfahren bzw. nach Unfällen) Unterweisungen zur Sicherheit und Gesundheit der Beschäftigten durchzuführen.

Bei Wechsel von Reinigungs- und Desinfektionsmitteln, Geräten, Maschinen und Verfahren ist unmittelbar eine Schulung erforderlich.

Eine zusätzliche Schulung der Mitarbeiter kann aus aktuellem Anlass notwendig werden. Das kann beispielsweise infolge einer Umstellung von Verfahrensschritten wie der Änderung der Reinigungs- und Desinfektionsmittel oder der Technik notwendig werden.

Ein weiteres Beispiel für eine erneute Schulungsnotwendigkeit der Mitarbeiter ist, wenn aus Gründen der Lebensmittelsicherheit vom gültigen Reinigungs- und Desinfektionsplan abgewichen oder dieser durch die Beschaffung neuer Mittel oder neuer Reinigungsgeräte geändert werden soll. Auch der Wechsel der zugewiesenen Arbeiten macht eine neuerliche Einweisung und ggf. auch Schulung von Mitarbeitern erforderlich.

11 Dokumentation

Um eine ordnungsgemäße Reinigung und Desinfektion nachweisen zu können, wird eine Dokumentation angeraten. Diese sollte z. B. die folgenden Angaben enthalten:

- Reinigungs- und gegebenenfalls Desinfektionsplan;
- Arbeitsanweisung für die Durchführung der Reinigung und Desinfektion;
- Durchführungsnachweis;
- Erfolgskontrollen.

Weitere Dokumente sind z. B.: Nachweis der Hygieneschulung, Unterweisung nach Gefahrstoffverordnung, Sicherheitsdatenblätter, Betriebsbücher der Spülmaschinen, Wartungspläne für Geräte und Anlagen, Aufstellung der im Unternehmen verwendeten Reinigungs- und Desinfektionsmittel.

Neben dem Reinigungs- und ggf. Desinfektionsplan, der immer aktuell sein sollte, sind Arbeitsanweisungen für die Mitarbeiter zur praktischen Vorgehensweise bei der Reinigung und Desinfektion in dem jeweiligen Reinigungsbereich unverzichtbar.

Eine Dokumentation der durchgeführten Maßnahmen gehört heute zum Standard.

Üblich sind Tages- und Wochenpläne, die ausgehängt werden sowie schriftliche Plankopien, auf denen der eingewiesene Mitarbeiter mit Handzeichen bestätigt, dass er die Maßnahme durchgeführt hat.

Die Dokumente zur Überprüfung der einwandfreien Arbeitsweise von Spülmaschinen (beispielsweise Temperaturnachweise in den Reinigertanks im Betriebsbuch oder Abklatschproben des Spülguts) sowie zum Nachweis der Wirksamkeit der Reinigung und Desinfektion im gesamten Lebensmittelumfeld (Erfolgskontrollen) sind wichtige Dokumente, um nachzuweisen, dass die Arbeiten korrekt und erfolgreich durchgeführt wurden.

Der Nachweis der täglichen visuellen Kontrolle nach Reinigung und Desinfektion und vor Produktionsaufnahme in Form einer Checkliste wird empfohlen.

Außerdem ist in Betrieben, in denen mit leicht verderblichen und/oder sehr leicht verderblichen Lebensmitteln umgegangen wird, der Nachweis der mikrobiologischen Erfolgskontrolle im Rahmen der betrieblichen Eigenkontrolle zu führen.

Art und Umfang der Dokumentation richtet sich nach den auftretenden Gefahren und muss für die Betriebsgröße angemessen, nachvollziehbar und für die zuständigen Aufsichtsstellen in der Betriebsstätte verfügbar vorhanden sein.

Anhang A (informativ)

Beispiel für einen Reinigungs- und Desinfektionsplan

Dem Anwender dieses Formblattes ist dessen Vervielfältigung gestattet.

wo-was-wann-wie-womit-wer

Reinigungsbereich							
Gegenstand/ Anlagen/ Raum	Häufigkeit[a]	Verfahren[b]	Reinigungs/ Desinfektionsmittel	Ggf. Temperatur	Konzentration Einwirkzeit	Sonstige Vorgaben	Zuständigkeit

[a] z. B.: nach Gebrauch, täglich, wöchentlich, monatlich usw.

[b] z. B.: Kehren, Schäumen, Sprühen, Pflegen usw.

HINWEIS Alle Flächen/Geräte, die mit Lebensmitteln direkt in Berührung kommen, werden nach der Reinigung bzw. Desinfektion gründlich mit Trinkwasser abgespült.

Kontrollperson: Kontrollhäufigkeit:

Anhang B (informativ)

Reinigung und Desinfektion in Lebensmittelbetrieben

B.1 Allgemeines

In diesem Anhang sind weitere Hinweise zur sachgerechten Durchführung der Reinigung und Desinfektion enthalten.

Reinigung und Desinfektion sind komplexe Prozesse. Es gibt große Unterschiede zwischen den verschiedenen Resten von Rohstoffen und Lebensmitteln und dem Zustand, der durch die Bearbeitung entstanden ist. Die Menge und der Antrocknungsgrad der Reste sowie die Art des zu reinigenden Gerätes, die Werkstoffe und die Oberflächenbeschaffenheit sind von großem Einfluss.

In Tabelle B.1 werden alle außen und innen liegenden Oberflächen unter dem Begriff Oberflächen zusammengefasst.

Tabelle B.1 – Zusammensetzung von Schmutz und sein chemisches Verhalten gegenüber Wasser und Reinigungsmitteln

Verhalten gegenüber Wasser und Reinigungsmitteln	Schmutz aus Rohstoffen und Lebensmitteln	Schmutz von Hilfsstoffen und Umwelt
wasserlöslich	Salze, Zucker, Säuren	Reste von Reinigungs- und Desinfektionsmitteln, Tenside
quellbar, alkalisch bzw. oxidativ zersetzbar	Proteine, Stärke	Leime, einige Klebstoffe
emulgierbar	Fette, Öle	Schmierstoffe, Trennmittel
dispergierbar	Zellulosefasern, Knochenmehl	Staub, Erdpartikel, Etiketten
unlöslich bzw. sauer löslich	Milchstein, Weinstein, Bierstein	Ausfällungen der Härtebildner des Wassers

Wie unter 4.1 und 4.2.1 festgelegt, wird die Reinigungseffizienz durch Mechanik, Temperatur, Zeit und Chemie sowie die Qualität des Wassers bestimmt. Bei der Desinfektion spielen Art und Menge der Mikroorganismen zusätzlich eine wichtige Rolle.

B.2 Grundlagen der Reinigung

B.2.1 Allgemeines

Verschmutzung kann an glatten Oberflächen verbleiben, aber sich auch an schwer zugänglichen Stellen wie Spalten, Rillen, Löchern usw. befinden. Durch Trocknung kann die Wasserlöslichkeit absinken, Verklebungen, Verkleisterungen, Ausfällungen und Kristallisationen können auftreten und die Reinigung erschweren. Durch Quellung, chemische Prozesse der Zersetzung zu löslichen Substanzen sowie Emulgiervorgänge, die auch gleichzeitig ablaufen können, wird eine Auflösung bewirkt. Bei der Haftung treten energetische Wechselwirkungen auf. Adhäsionskräfte sind zwischen der Oberfläche und dem Schmutz und Kohäsionskräfte innerhalb des Schmutzes wirksam. Bei der Ablösung müssen diese Kräfte überwunden werden.

Grundsätzlich können unterschiedliche Vorgänge parallel ablaufen.

Der Reinigungsprozess kann auch in mehreren Schritten erfolgen:

a) Auflösen in einem geeigneten Medium, z. B. Wasser;

b) Zersetzung des Schmutzes zu löslichen Spaltprodukten und Auflösen;

c) Emulgieren von Schmutz;

d) Ablösen des Schmutzes von der Oberfläche, z. B. durch Unterwanderung oder Ultraschall und Dispergieren ohne Auflösung.

Die Reinigerlösung muss über ein ausreichendes Schmutztragevermögen verfügen, um eine Wiederanschmutzung mit Partikeln, Fetten oder anderem Schmutz zu vermeiden. Eine Rekontamination der gereinigten Oberflächen muss verhindert werden.

B.2.2 Reinigungsverfahren

Man Verschiedene Reinigungsverfahren werden wie folgt festgelegt und unterschieden:

a) Trockenreinigung, z. B. Fegen, Absaugen, Abwischen, Bürsten, Abschaben;

b) Nassreinigung manuell oder maschinell, z. B. Hochdruckreinigung, rotierende Bürsten, Wasch- und Spülmaschinen, CIP-Verfahren.

   Die Nassreinigung kann mehrere Schritte umfassen:

   1) Vorspülen;

   2) Hauptreinigung;

   3) gegebenenfalls Zwischenspülen;

   4) Nachspülen.

In das Verfahren kann ein chemischer oder thermischer Desinfektionsschritt integriert sein oder werden. In der Hauptreinigung kann z. B. ein desinfizierender Reiniger eingesetzt werden.

Bei der Hochdruckreinigung und der Reinigung mit rotierenden Bürsten werden Oberflächen mit entsprechenden Geräten, in der Regel unter Zusatz von Reiniger, vom Reinigungspersonal gezielt bearbeitet.

Spülmaschinen besitzen standardisierte Programme mit aufeinander folgenden Schritten oder Zonen. Sie arbeiten mit Spritzsystemen, oft im Gegenstromverfahren. Die Spülgüter durchlaufen die einzelnen Prozessschritte auf einem Laufband oder in Körben bzw. Einsätzen, z. B. Flaschenwaschmaschinen, Geschirrspülmaschinen. Die Nachdosierung von Reiniger zur Aufrechterhaltung einer ausreichenden Konzentration und die Erneuerung der Reinigerlösung durch Frischwasser aus der Nachspülung müssen der Schmutzbelastung entsprechend eingestellt werden.

Stationäre Anlagen werden mit standardisiertem Programmablauf im CIP-Verfahren gereinigt, indem Wasser und Reinigerlösung die Anlagenteile, z. B. Rohrleitungen und Tanks durchströmen. Es können zusätzlich Spritzkopfsysteme zur Reinigung von Tanks integriert sein. Ist die Vorspüllösung durch Produktreste stark verschmutzt, wird dieser Schritt verloren gefahren, d. h. nur einmal benutzt und dann abgelassen. Die Hauptreinigerlösung wird kontinuierlich nachgeschärft, u. U. zur Entfernung von Partikeln filtriert oder zentrifugiert. Der Zeitraum der Wiederverwendung wird festgelegt, z. B. eine Woche, ein Tag oder eine Schicht. Beispiele solcher Anlagen sind Milchsammelwagen, Plattenerhitzer.

Beim Schaum- und Gelverfahren wird der Reinigungsschaum oder das Gel mit entsprechenden Geräten auf Wandflächen oder Anlagen aufgetragen. Durch Konsistenz des Reinigerschaums bzw. Gels wird eine lange Haftung an der Oberfläche und dadurch eine verbesserte Wirkung erreicht.

B.2.3 Prozessparameter

B.2.3.1 Allgemeines

Als wichtige Prozessparameter werden im so genannten Sinner'schen Kreis Mechanik, Temperatur, Chemie und Zeit dargestellt. Diese Einflussgrößen stehen in einer gewissen Abhängigkeit voneinander, z.B. kann ein Zersetzungsprozess bei höherer Temperatur schneller als bei niedrigerer Temperatur ablaufen. Insbesondere ist das Zusammenwirken dieser Parameter bei der maschinellen Reinigung von großer Bedeutung.

B.2.3.2 Mechanik

Unter der mechanischen Wirkung eines Prozesses werden Sprühdruck, Wassermenge, Wasserdruck, Aufprallwinkel, Durchströmung bzw. Fließgeschwindigkeit verstanden. Konstruktive Details können einen entscheidenden Einfluss auf das Reinigungsergebnis haben, z.B. die Anordnung der Spritzdüsen und Dreharme mit Düsen oder der Sprühköpfe. Auch die Art der Werkstoffe, der Oberflächen und deren Beschaffenheit, z.B. glatt, zerkratzt oder rau, spielen eine Rolle.

Mit der hygienefreundlichen Gestaltung von Anlagen und Geräten befassen sich der VDMA (Verband Deutscher Maschinen- und Anlagenbau) und die EHEDG (European Hygienic Engineering & Design Group). Zur Umsetzung der hygienischen Anforderungen der Maschinenrichtlinie 2006/42/EG sind die Normen DIN EN ISO 14159 und DIN EN 1672-2 heranzuziehen.

Durch Schaumentwicklung kann in einem maschinellen Reinigungsprozess erheblicher Druckverlust auftreten, der das Sprühverhalten und die Durchströmung und damit das Reinigungsergebnis erheblich beeinträchtigen kann.

B.2.3.3 Temperatur

Die Temperatur bzw. die Temperaturführung muss auf die Verschmutzung und den Reiniger abgestimmt sein, damit eine optimale Reinigungsleistung erreicht werden kann:

a) Reiniger entfalten in der Regel in höheren Temperaturbereichen eine bessere Reinigungsleistung;

b) Proteine koagulieren ab etwa 45 °C. Deshalb sollte zur Entfernung von proteinhaltiger Verschmutzung zunächst mit Temperaturen unter 45 °C eine Ab- bzw. Auflösung erreicht werden. Blut z. B. ist in kaltem Wasser löslich;

c) manuelle Reinigungsverfahren erlauben nur einen Temperaturbereich zwischen 20 °C und 40 °C;

d) Schaum- und Gelverfahren erfolgen bei Raumtemperatur, es sei denn, die Flächen sind heiß oder aufheizbar;

e) zum Emulgieren von Fetten muss mindestens der Schmelzpunkt des Fettes erreicht werden;

f) bei Reinigern, die Enzyme, z. B. Proteasen, Lipasen oder Amylasen, enthalten, sind die vom Hersteller angegebenen Bedingungen auch hinsichtlich der Temperaturgrenzen einzuhalten.

B.2.3.4 Chemische Reinigung

In Abhängigkeit des Verfahrens, der zu entfernenden Verschmutzung und des vorhandenen Werkstoffes der Anlagen kommen unterschiedliche Reinigertypen zum Einsatz:

- alkalische Reiniger: pH-Bereich 9 bis 12, z. B. auf Basis von Natronlauge, Kalilauge, Metasilicaten, ortho–Phosphaten, Natriumcarbonat (Soda);
- neutrale Reiniger: pH-Bereich 5 bis 8, z. B. auf Basis von Tensiden;
- saure Reiniger: pH-Bereich 1 bis 5, z. B. auf Basis von Salpetersäure, Phosphorsäure, Citronensäure.

Für spezifische Anforderungen können die Reiniger zusätzliche Komponenten enthalten:

a) Korrosionsschutzmittel;

b) Netzmittel;

c) schaumbremsende Zusätze;

d) Enzyme;

e) Komplexbildner zur komplexen Bindung von Härtebildner und Metallionen;

f) Oxidantien;

g) Stabilisatoren für Schaum und Gel.

Bei Auswahl des Reinigers sind außerdem ökologische, allgemeine und regionale Abwasservorschriften sowie der Arbeitsschutz, insbesondere die Gefahrstoffverordnung zu beachten.

Chemische Rohstoffe allein, z. B. Natronlauge, erfüllen oft die komplexen Anforderungen nicht. Es werden deshalb überwiegend konfektionierte Reiniger eingesetzt. Es gibt aber auch Komponentenverfahren, z. B. werden einer Natronlauge entsprechende Komponenten zudosiert.

Bei Verfahren mit Wiederverwendung oder längerer Verwendung der Reinigerlösung kann sich trotz Nachschärfung die Zusammensetzung der Lösung verändern. So tritt z. B. ein Abbau von Polymerphosphaten zu Orthophosphaten, von Ätzalkalien zu Soda ein, wodurch die Reinigungseffizienz und das Schmutztragevermögen absinken, ohne dass dies über die Messung der elektrischen Leitfähigkeit erkannt wird. Außerdem kann die Reinigungseffizienz auch durch Umsetzung von Chemikalien mit Bestandteilen des Schmutzes absinken, z. B. Verseifung von fetthaltigen Verschmutzungen.

Die Bestimmung der Konzentration erfolgt bei alkalischen und sauren Reinigerlösungen über eine Titration.

Bei automatischer Dosierung und Nachdosierung erfolgt die Steuerung in der Regel über die elektrische Leitfähigkeit mit entsprechender Temperaturkompensation. Voraussetzung ist eine ausreichende Differenz zwischen der Leitfähigkeit der Reinigerlösung und der des Betriebswassers.

Mit einer effektiven Reinigung wird zusammen mit der Entfernung der Verschmutzung eine Keimreduktion von 2 $\log_{10}$- bis 4 $\log_{10}$-Stufen erreicht. Dies reicht für viele Oberflächen aus. Für Oberflächen allerdings, die mit leicht verderblichen Lebensmitteln in Kontakt kommen, ist eine gleichzeitige oder anschließende Desinfektion erforderlich.

B.2.3.5 Zeit

Damit die chemisch-physikalischen Prozesse der Quellung, Zersetzung, Emulsionsbildung, Umnetzung, Auflösung und Ablösung durchlaufen werden können, ist eine entsprechende Zeit erforderlich. Sehr oft hängen Mängel in der Reinigungsleistung mit einer zu kurzen Einwirkzeit zusammen.

In der Regel sind Prozesse, für die eine angemessene Zeit zur Verfügung gestellt werden kann, kostengünstiger, da mit niedrigeren Konzentrationen des Reinigers die gleiche Sauberkeit erreicht werden kann.

B.3 Grundlagen der Desinfektion

B.3.1 Allgemeines

Die Desinfektion von Oberflächen wird üblicherweise thermisch, chemisch-thermisch oder chemisch durchgeführt werden.

Flächendesinfektionsmittel für Lebensmittelbetriebe fallen unter die Biozid-Verordnung (EU) Nr. 528/2012. Es dürfen nur zugelassene Desinfektionsmittel auf den Markt gebracht und eingesetzt werden.

B.3.2 Wirkungsprinzipien

Der Mechanismus der thermischen Abtötung durch Dampf, feuchte Hitze oder Heißluft kann als eine irreversible Denaturierung von Transport-, Struktur- und katalytisch wirkenden Proteinen (Enzymen) beschrieben werden.

Verschmutzung und Biofilme können die Einwirkung der Hitze behindern und zu ungenügenden Desinfektionsresultaten führen. Eine vorhergehende Reinigung oder mindestens eine gleichzeitige Zersetzung und Auflösung von Verschmutzung und Biofilmen erhöht die Sicherheit der thermischen Desinfektion.

Bei der chemischen Desinfektion wirkt die Mehrzahl der Wirkstoffe intrazellulär, d. h., sie penetrieren die Zellwand der Mikroorganismen und reagieren mit lebenswichtigen Zellsubstanzen. Oberflächenaktive Wirkstoffe, z. B. kationische Tenside, blockieren den Stoffwechsel durch die semipermeablen Zellmembranen. Voraussetzung für eine desinfizierende Wirkung ist der direkte Kontakt mit den Mikroorganismen. Schmutz und Biofilme können den Kontakt behindern und zu ungenügenden Desinfektionsresultaten führen. Eine vorhergehende Reinigung oder mindestens eine gleichzeitige Zersetzung und Auflösung von Schmutz und Biofilmen erhöht die Sicherheit der chemischen Desinfektion.

B.3.3 Thermische Desinfektion

Es gibt Unterschiede zwischen der Wirkung feuchter Hitze in Form von gesättigtem Wasserdampf und trockener Hitze in Form von Heißluft (siehe Tabelle B.2).

Tabelle B.2 – Abtötungszeit in Sekunden durch feuchte und durch trockene Hitze (nach Mrozek 1996)

Mikroorganismus	Feuchte Hitze			Trockene Hitze		
	55 °C	60 °C	65 °C	100 °C	110 °C	120 °C
Salmonella Typhi	300	60	20	7 200	3 600	1 200
Staphylococcus aureus	1 200	600	60	–	7 200	1 800

Die Denaturierung der Proteine steht außerdem in deutlichem Zusammenhang mit dem pH-Wert und dem Wassergehalt (a_W-Wert) des umgebenden Milieus. Die Wirkung hängt auch davon ab, auf welche Art und wie schnell die Hitze auf die Mikroorganismen einwirkt. Fette, Proteinschmutz, Kohlenhydrate und Salze können Mikroorganismen zusätzlichen Schutz gegen die Einwirkung von Hitze bieten. Höhere Anwendungstemperaturen und längere Einwirkzeiten sind z. B. unter folgenden Bedingungen erforderlich:

a) komplette oder teilweise Umhüllung mit Stoffen geringer Wärmeleitfähigkeit;
b) geringer Wassergehalt des umgebenden Materials, z. B. Fette und Öle;
c) Bindung/Entzug von freiem Wasser durch Hydratisierung, z. B. durch Zucker oder Salze.

B.3.4 Chemische Desinfektion

Für die chemische Desinfektion gibt es eine Vielzahl von Wirkstoffen mit unterschiedlichen Wirkungsspektren. Von der chemischen Desinfektion wird eine Keimreduktion von 5 $\log_{10}$-Stufen für Bakterien und 4 $\log_{10}$ für Pilze und Hefen gefordert.

Die Belastung der Desinfektionsmittellösung mit Eiweiß führt je nach Art des Wirkstoffs zu einer schnellen oder allmählichen Abnahme der Wirkung. Dies wird auch als Eiweißfehler bezeichnet.

Die desinfizierende Wirkung kann auch durch noch verbliebene Reste eines Reinigungsmittels von der Vorreinigung erniedrigt oder aufgehoben werden, wenn die Produkte nicht miteinander kompatibel sind. Dieser Vorgang wird als Seifenfehler bezeichnet. Er tritt beispielsweise auf, wenn mit anionischen Tensiden vorgereinigt wird und anschließend ohne Zwischenspülung mit Desinfektionsmitteln auf Basis kationischer Tenside (z. B. quaternäre Ammoniumverbindungen) desinfiziert wird.

Bei der Desinfektion von nicht abgetrockneten Oberflächen kann das Restwasser zu einer Verdünnung der Desinfektionsmittellösung führen (Verdünnungsfehler), wodurch die Desinfektionswirkung gemindert wird. Deshalb müssen zu desinfizierende Oberflächen weitestgehend trocken sein.

Da die Wirkung von Desinfektionsmittel temperaturabhängig ist, sollten die vom Hersteller empfohlenen Einwirkzeiten und Konzentrationen für den Anwendungsbereich beachtet werden. Durch zu niedrige Temperaturen kann gegebenenfalls die Desinfektionswirkung gemindert werden (Kältefehler).

B.3.5 Chemisch-thermische Desinfektion

Chemisch-thermische Verfahren werden nur in Anlagen eingesetzt. Desinfizierend wirkende Stoffe entfalten bei höheren Temperaturen in der Regel eine stärkere Wirkung, sodass die Einwirkzeiten gekürzt und/oder geringere Konzentrationen verwendet werden können. Außerdem wird vorher oder gleichzeitig mit hoher mechanischer Wirkung und intensiv wirkenden Reinigern gereinigt. Typische Beispiele sind Geschirrspülmaschinen und Spülmaschinen für Kisten und andere Bedarfsgegenstände. Durch die kombinierte Entfernung von Mikroorganismen zusammen mit Schmutz durch die Reinigung und der desinfizierenden Wirkung mit geeigneten Wirkstoffen und höheren Temperaturen werden die Anforderungen an die hygienische Leistung erfüllt. Diese wurde ebenfalls auf eine Reduktion von Testorganismen um 5 $\log_{10}$-Stufen festgelegt. Bei Geschirrspülmaschinen und Kistenwaschanlagen wird als Testorganismus *Enterococcus faecium* ATCC 6057 im Keimträgerversuch eingesetzt. Als Prüfanschmutzung wird RAMS (Rinderalbumin, Mucin, Stärke) verwendet. Mit diesen Prüfkörpern, auch Bioindikatoren genannt, wird sowohl der reinigende Effekt als auch die Desinfektionsleistung erfasst.

Die hygienische Gesamtleistung kann durch eine Temperaturkontrolle, z. B. Temperaturmessung auf der Oberfläche von Spülgutteilen oder Ermittlung eines A_0-Wertes, z. B. von 30, abgesichert werden. Ein A_0-Wert von 30 würde bedeuten, dass 30 s lang eine Temperatur von 80 °C auf dem Spülgut vorhanden ist. In Ringversuchen wurde ermittelt, dass bei Einsatz von alkalischen Reinigern mit einem pH-Wert von $> 10{,}5$ eine Temperatur von 60 °C für 2 min ausreicht, um die Anforderung zu erfüllen. Durch die etwa 10 s dauernde Nachspülung mit 90 °C heißem Wasser erhöht sich die Temperatur auf diesen Spülgütern nur um maximal 5 °C.

Literaturhinweise

DIN 10523, *Lebensmittelhygiene – Schädlingsbekämpfung im Lebensmittelbereich*

DIN 10524, *Lebensmittelhygiene – Arbeitsbekleidung in Lebensmittelbetrieben*

DIN 10527, *Lebensmittelhygiene – Abgabe von leicht verderblichen Lebensmitteln aus Verkaufsautomaten – Hygieneanforderungen*

DIN EN 1040, *Chemische Desinfektionsmittel und Antiseptika – Quantitativer Suspensionsversuch zur Bestimmung der bakteriziden Wirkung (Basistest) chemischer Desinfektionsmittel und Antiseptika – Prüfverfahren und Anforderungen (Phase 1)*

DIN EN 1276, *Chemische Desinfektionsmittel und Antiseptika – Quantitativer Suspensionsversuch zur Bestimmung der bakteriziden Wirkung chemischer Desinfektionsmittel und Antiseptika in den Bereichen Lebensmittel, Industrie, Haushalt und öffentliche Einrichtungen – Prüfverfahren und Anforderungen (Phase 2/Stufe 1)*

DIN EN 1499, *Chemische Desinfektionsmittel und Antiseptika – Hygienische Händewaschung – Prüfverfahren und Anforderungen (Phase 2/Stufe 2)*

DIN EN 1500, *Chemische Desinfektionsmittel und Antiseptika – Hygienische Händedesinfektion – Prüfverfahren und Anforderungen (Phase 2/Stufe 2)*

DIN EN 1650, *Chemische Desinfektionsmittel und Antiseptika – Quantitativer Suspensionsversuch zur Bestimmung der fungiziden oder levuroziden Wirkung chemischer Desinfektionsmittel und Antiseptika in den Bereichen Lebensmittel, Industrie, Haushalt und öffentliche Einrichtungen — Prüfverfahren und Anforderungen (Phase 2/Stufe 1)*

DIN EN 13610, *Chemische Desinfektionsmittel – Quantitativer Suspensionsversuch zur Bestimmung der viruziden Wirkung gegenüber Bakteriophagen von chemischen Desinfektionsmittel in den Bereichen Lebensmittel und Industrie – Prüfverfahren und Anforderungen (Phase 2/Stufe 1)*

DIN EN 13704, *Chemische Desinfektionsmittel – Quantitativer Suspensionsversuch zur Bestimmung der sporiziden Wirkung chemischer Desinfektionsmittel in den Bereichen Lebensmittel, Industrie, Haushalt und öffentliche Einrichtungen – Prüfverfahren und Anforderungen (Phase 2/Stufe 1)*

Wildbrett (Hrsg.), Reinigung und Desinfektion in Lebensmittelbetrieben, Behr's Verlag 2006

Gesetz über den Verkehr mit Arzneimitteln (Arzneimittelgesetz – AMG) vom 12. Dezember 2005, BGBl I, 2005 Nr. 73, S. 3394–346[1]

Gesetz zur Umsetzung der Richtlinie 98/8/EG des Europäischen Parlaments und des Rates vom 16. Februar 1998 über das Inverkehrbringen von Biozid-Produkten (Biozidgesetz), BGBl I, 2002, Nr. 40, S. 2076–2089

Gesetz zur Neuregelung des Wasserrechts, Art. 1 Gesetz zur Ordnung des Wasserhaushalts (Wasserhaushaltsgesetz – WHG) vom 31. Juli 2009, BGBl I, 2009, Nr. 51, S. 2585–2621[1]

Verordnung (EU) Nr. 528/2012 des Europäischen Parlaments und des Rates vom 22. Mai 2012 über die Bereitstellung auf dem Markt und die Verwendung von Biozidprodukten, ABl EU, 2012, Nr. L 167, S. 1–123[1]

Verordnung (EG) Nr. 648/2004 des Europäischen Parlaments und des Rates vom 31. März 2004 über Detergenzien, ABl EU, 2004, Nr. L 104, S. 1–35[1]

Verordnung über Anforderungen an die Hygiene beim Herstellen, Behandeln und Inverkehrbringen von Lebensmitteln (Lebensmittelhygiene-Verordnung - LMHV) vom 21. Juni 2016, BGBl I, 2016, Nr. 29, S. 1469–1477[1]

Verordnung über Anlagen zum Umgang mit wassergefährdenden Stoffen (AwSV), BGBl I, 2017, Nr. 22, S. 905–955[1]

Verordnung (EG) Nr. 2073/2005 der Kommission vom 15. November 2005 über mikrobiologische Kriterien für Lebensmittel, ABl EU, 2005, Nr. L 338, S. 1–26[1]

Anforderungen an Gestaltung, Eigenschaften und Betrieb von dezentralen Desinfektionsmittel-Dosiergeräten — Richtlinie der Bundesanstalt für Materialforschung und -prüfung des Robert Koch-Institutes und der Kommission für Krankenhaushygiene und Infektionsprävention, Bundesgesundheitsblatt 1/2004, S. 67–72

DGUV 100-500, Betreiben von Arbeitsmitteln (DGUV Regel 100-500)[4]

Richtlinie 2006/42/EG des Europäischen Parlaments und des Rates vom 17. Mai 2006 über Maschinen und zur Änderung der Richtlinie 95/16/EG, ABl EU, 2006, Nr. L 157, S. 24–86[1]

4 Download unter: https://www.arbeitssicherheit.de/schriften/dokument/0%3A5372531%2C1%2C20170301.html?query=DGUV%20Regel%20100-500

Liste der nach den Richtlinien der DVG geprüften und als wirksam befundenen Desinfektionsmittel (Handelspräparate, Ausbringverfahren nicht geprüft) für den Lebensmittelbereich (DVG-Desinfektionsmittelliste), www.desinfektion-dvg.de

Liste chemischer Verfahren für die prophylaktische Desinfektion sowie für die hygienische Händewaschung, die von der Desinfektionsmittel-Kommission im Verbund für Angewandte Hygiene (VAH) e.V. in Zusammenarbeit mit DGHM, DGKH, GHUP und BVÖGD auf der Basis der Anforderungen und Methoden zur VAH-Zertifizierung chemischer Desinfektionsverfahren geprüft und als wirksam befunden wurden (VAH-Liste), https://vah-online.de/de/

IHO-Desinfektionsmittelliste Lebensmittelherstellung, www.desinfektionsmittelliste.de

Reinigungsmittel- und Desinfektionsmittel für Melkanlagen und/oder milchwirtschaftliche Geräte und Einrichtungen, http://www.guetezeichen.de/cgi-bin/gz_melkanlage.cgi?sort=Firma

TRGS 401, Technische Regel für Gefahrstoffe – Gefährdung durch Hautkontakt – Ermittlung, Beurteilung, Maßnahmen, GMBl, 2011, Nr. 9, S. 175[5]

TRGS 510, Technische Regeln für Gefahrstoffe – Lagerung von Gefahrstoffen in ortsbeweglichen Behältern, GMBl, 2013, Nr. 22, S. 446–475[6]

TRGS 555, Technische Regeln für Gefahrstoffe – Betriebsanweisung und Information der Beschäftigten, GMBl, 2017, Nr. 15, S. 275–28[7]

5 Download unter: https://www.baua.de/DE/Angebote/Rechtstexte-und-Technische-Regeln/Regelwerk/TRGS/TRGS-401.html

6 Download unter: https://www.baua.de/DE/Angebote/Rechtstexte-und-Technische-Regeln/Regelwerk/TRGS/TRGS-510.html

7 Download unter: https://www.baua.de/DE/Angebote/Rechtstexte-und-Technische-Regeln/Regelwerk/TRGS/TRGS-555.html

Teil II –

DIN 10546 Lebensmittelhygiene – Überprüfung der Reinigungs- und Desinfektionswirkung auf Oberflächen mittels Spülverfahren

Einleitung und Zielsetzung der DIN 10546:2022-03

Während der Normungsarbeit zur Aktualisierung der DIN 10516 wurde im Arbeitskreis diskutiert, wo das in der DIN 10516 beschriebene Spülverfahren in der Literatur oder einer anderen Norm beschrieben ist. Man kam nach Prüfung zu dem Ergebnis, dass es diese Definition oder eine Verfahrensbeschreibung nicht gab.

Anstelle dessen wurde deutlich, dass das Spülverfahren zur Erfolgskontrolle von Hygienemaßnahmen häufig mit dem Nachspülgang der Reinigung verwechselt wurde oder man der Meinung war, dass dieser Verfahrensschritt dazu genutzt werden solle, das eingesetzte Wasser im Nachgang zu untersuchen.

Dr. Sohmen stellte daraufhin den Normungsantrag und war auch bereit, für das Normungsverfahren die Projektleitung im Arbeitskreis zu übernehmen.

Der Arbeitsausschuss NA 057-02-01 *Lebensmittelhygiene* billigte den Antrag und wies ihn zur Bearbeitung dem Arbeitskreis NA 057-02-01-11 *Reinigung und Desinfektion* zu.

Es wurden weitere Experten u. a. aus dem Bereich der Getränkeindustrie eingeladen, das Normungsprojekt zu begleiten. Schließlich erfolgte die Kontaktaufnahme zu den mikrobiologischen Experten im Arbeitsausschuss NA 057-06-01. Hier wurde darauf hingewiesen, dass die DIN 10546 lediglich das Verfahren als solches beschreiben und normieren soll. Die darauffolgenden Festlegungen von speziellen Verfahren, die Auswahl von Prüfparametern (u. a. Auswahl spezifischer Keime) und die Festlegung der erforderlichen mikrobiologischen Untersuchungen des Spülwassers sowie die Bewertung der Laborergebnisse soll in speziellen Normen zur Mikrobiologie festgelegt werden.

Im Ergebnis entstand die DIN 10546, deren erste Ausgabe wir hier kommentieren.

Kommentar zur DIN 10546

Vorwort

Dieses Dokument wurde vom Arbeitskreis NA 057-02-01-11 AK „Reinigung und Desinfektion“ des Arbeitsausschusses NA 057-02-01 AA „Lebensmittelhygiene“ im DIN-Normenausschuss Lebensmittel und landwirtschaftliche Produkte (NAL) erarbeitet.

Es wird auf die Möglichkeit hingewiesen, dass einige Elemente dieses Dokuments Patentrechte berühren können. DIN und DKE sind nicht dafür verantwortlich, einige oder alle diesbezüglichen Patentrechte zu identifizieren.

Aktuelle Informationen zu diesem Dokument können über die Internetseiten von DIN (www.din.de) durch eine Suche nach der Dokumentennummer aufgerufen werden.

Einleitung

Die Überprüfung einer wirksamen Reinigung und Desinfektion ist als Eigenkontrollmaßnahme zur Sicherstellung der Basishygiene ein wichtiges Instrument. An schwer zugängigen Stellen für die Probenahme, die mit den üblichen Tupfer- oder Abklatschverfahren nicht überprüft werden können, besteht eine mikrobiologische Kontrolllücke. Durch den Einsatz eines definierten Spülverfahrens können diese nicht zugängigen Flächen kontrolliert und so diese Kontrolllücke geschlossen werden.

Dieses Dokument beschreibt den Einsatz von Spülverfahren in unterschiedlichen Bereichen der Lebensmittelherstellung und in der Gastronomie/Gemeinschaftsverpflegung.

Für Trinkwasserinstallationen gibt es ebenfalls bestimmte Spülverfahren, die hier nicht eingeschlossen sind.

Für einige Bereiche wie die Clean-in-place-Verfahren (CIP–Verfahren) von Rohrleitungen in der Molkerei und Brauerei gibt es bereits Spülverfahren. Diese Verfahren dienen aber vornehmlich dem Nachspülen nach Durchführung von Reinigungsmaßnahmen und nicht der mikrobiologischen Kontrolle der Reinigungs- und Desinfektionswirkung auf Oberflächen.

Im öffentlichen Interesse liegt die Einhaltung hygienisch einwandfreier Bedingungen beim Umgang mit Lebensmitteln auf allen Stufen der Lebensmittelproduktion bis hin zu den Konsumenten.

Zur Überprüfung einer wirksamen Reinigung und Desinfektion sind Verfahren zur Probenahme mittels Tupfer oder trägergebundener Medien (Abklatschmedien) standardisiert. Diese setzen voraus, dass die zu untersuchenden Oberflächen leicht zugänglich sind und sachgerecht beprobt werden können.

Für Bereiche, in denen diese Verfahren nicht eingesetzt werden können, z. B. in geschlossenen Systemen wie Leitungen oder Hohlräumen, Kleinteilen oder unregelmäßigen Oberflächen, kommen Spülverfahren zum Einsatz. Bislang gab es hierfür keine Standardisierung, da die Spülverfahren in einer großen methodischen Breite für die jeweilige Untersuchungszielsetzung ausgelegt werden müssen und für die Beurteilung der Prüfergebnisse kaum regulative Vorgaben existieren.

Für Eigenkontrollen und das betriebliche Qualitätsmanagement besteht zudem das Erfordernis, ausgehend von den jeweiligen spezifischen Prozess- und Prüfschritten, Beurteilungskriterien aufzustellen. Dies kann in einer Norm nicht im Detail abgebildet werden.

Grundsätzlich können Keimzahlwerte aus Spülverfahren aus methodischen Gründen nicht direkt anhand der Beurteilungsempfehlungen von Tupfer- oder Abklatschverfahren bewertet werden. Auch der Vergleich von Daten aus Spülverfahren untereinander ist nicht einfach ohne Weiteres möglich, da diese Verfahren in ihrer Methodik nicht ausreichend standardisiert vorliegen.

1 Anwendungsbereich

Dieses Dokument legt Anforderungen zur sachgemäßen Überprüfung der Reinigungs- und/oder Desinfektionswirkung auf schwer zugängigen Oberflächen, die mit Lebensmitteln in Kontakt kommen, mittels Spülverfahren im Lebensmittelbereich fest. Dabei handelt es sich um Flächen, die aufgrund ihrer Größe, Oberflächenbeschaffenheit oder ihrer Zugänglichkeit nicht mittels Tupfer- oder Abklatschverfahren überprüft werden können. Vorgeschriebene Untersuchungen nach Trinkwasserverordnung (TrinkwV), sowie von Wasserinstallationen nach den DVGW-Empfehlungen sind von diesem Dokument ausgenommen.

In den Beratungen zum Anwendungsbereich wurde deutlich, dass es für die Anwendung der Norm nicht nur um die Desinfektion gehen kann, sondern bereits die Reinigungsverfahren in die Betrachtung mit einbezogen werden müssen. Für Spülverfahren steht nicht die Wirksamkeit der Reinigungs- und Desinfektionsmittel selbst im Fokus (sie ist Gegenstand eigener Normenwerke), sondern das Ergebnis der durchgeführten Maßnahme in Form einer quantifizierbaren Wirkung. Es wird gewissermaßen der letzte, in der täglichen Praxis durchgeführte Schritt des gesamten Reinigungs- und Desinfektionsvorganges für eine Bewertung in den Blick genommen. Diese Norm kann jedoch keine konkreten Beurteilungsmaßstäbe vorgeben. Dies erfordert eine detaillierte Festschreibung der Anforderung bezogen auf die angewandte Methodik in der Verfahrensbeschreibung sowie umfangreiche Datenerhebungen zur Validierung, bezogen auf den jeweiligen Anwendungsbereich.

2 Normative Verweisungen

Die folgenden Dokumente werden im Text in solcher Weise in Bezug genommen, dass einige Teile davon oder ihr gesamter Inhalt Anforderungen des vorliegenden Dokuments darstellen. Bei datierten Verweisungen gilt nur die in Bezug genommene Ausgabe. Bei undatierten Verweisungen gilt die letzte Ausgabe des in Bezug genommenen Dokuments (einschließlich aller Änderungen).

In Bezug genommen bedeutet, dass die Quellen wörtlich zitiert werden und/oder inhaltlich umgesetzt werden. Ist dies der Fall, so steht die verwendete Quelle unmittelbar hinter dem Begriff bzw. der Textpassage. Es ist darauf zu achten, dass bei datierten Verweisen die Formulierung exakt dieser Ausgabe zitiert wird und Änderungen des Quelltextes nach der Veröffentlichung der Norm für diese nicht zu berücksichtigen sind.

Bei undatierten Verweisen hingegen soll stets die jeweils gültige rechtliche Anforderung gelten.

DIN 10113 (alle Teile), *Bestimmung des Oberflächenkeimgehaltes auf Einrichtungs- und Bedarfsgegenständen im Lebensmittelbereich*

DIN 10503, *Lebensmittelhygiene – Begriffe*

DIN 10516, *Lebensmittelhygiene – Reinigung und Desinfektion*

DIN EN ISO 7218, *Mikrobiologie von Lebensmitteln und Futtermitteln – Allgemeine Anforderungen und Leitlinien für mikrobiologische Untersuchungen*

3 Begriffe

Für die Anwendung dieses Dokuments gelten die Begriffe nach DIN 10503 und DIN 10516 und die folgenden Begriffe.

DIN und DKE stellen terminologische Datenbanken für die Verwendung in der Normung unter den folgenden Adressen bereit:

- DIN-TERMinologieportal: verfügbar unter https://www.din.de/go/din-term
- DKE-IEV: verfügbar unter http://www.dke.de/DKE-IEV

3.1

Spülverfahren

Aus-, Ab- oder Durchspülen von Lebensmittelkontaktflächen zur Ermittlung des Restkeimgehaltes in der Spülflüssigkeit nach Reinigung und/oder Desinfektion

Anmerkung 1 zum Begriff: Testverfahren, insbesondere zur Überprüfung des Reinigungs- und Desinfektionserfolges an schwer zugänglichen Stellen.

In Abgrenzung zum häufig verwendeten Gebrauch des Begriffs „Spülgang" in Reinigungs- und Desinfektionsverfahren bezeichnet „Spülverfahren" in dieser Norm einen Teilschritt zur Überprüfung des Reinigungs- und Desinfektionserfolges *nach* Abschluss der eigentlichen Reinigungs- und Desinfektionsschritte. Das Spülverfahren hat nichts mit einem Spülgang zur Entfernung von Resten der Reinigungssuspension oder der Reinigungsmittel, die abschließend erfolgt, zu tun. Sprachlich wird jedes Mal gespült, aber der Zweck der Spülung ist grundverschieden. Im Spülverfahren werden zur Überprüfung die verbliebenen Keime nach abgeschlossener Reinigung und Desinfektion erfasst.

3.2

Spülflüssigkeit

sterile Flüssigkeit, mit der Mikroorganismen von Oberflächen abgespült werden

Die zum Abspülen verwendete Flüssigkeit muss selbst steril sein, damit das mikrobiologische Ergebnis nicht verfälscht wird.

3.3

Schnellverfahren

Nachweismethode mit geringem experimentellen und zeitlichen Aufwand zur Einschätzung des Hygienestatus einer zu überprüfenden Oberfläche

Anmerkung 1 zum Begriff: Schnellverfahren werden üblicherweise als Screening eingesetzt.

Schnellverfahren werden zum Nachweis von (Rest-)Schmutz und/oder von (Rest-)Keimbelastungen eingesetzt. Statt der Zählung und Identifikation von Keimen, die methodisch in der Regel eine Kultivierung mit Bebrütung von Nährmedien erfordert, werden Parameter bewertet, die mit dem Vorhandensein oder Wachstum von Mikroorganismen assoziiert sind.

Der Nachweis von ATP oder Stoffwechselprodukten bzw. anderer Parameter gibt aber nur einen orientierenden Hinweis (Screening), hat aber den Vorteil, dass die Ergebnisse schnell vorliegen.

3.4

System

Einheit der konkreten Betrachtung einer Produktionslinie, Anlage oder Teile einer Anlage

Der Begriff „System“ wurde für diese Norm auf den Anwendungsbezug hin eingegrenzt. „System“ bezieht sich hier auf eine zu konkretisierende Teilmenge einer Produktionslinie, Maschine oder Anlage. Dies ist in Hinblick auf die Bewertung der Daten, der Ableitung von Maßnahmen und/oder ggf. für die sich weiter anschließenden erforderlichen Kontrollen von Bedeutung.

4 Abkürzungen

Tabelle 1 zeigt die in diesem Dokument verwendeten Abkürzungen.

Tabelle 1 – Abkürzungen

Begriff	Abkürzung
Clean-in-place-Verfahren	CIP–Verfahren
Trinkwasserverordnung	TrinkwV
Nicotinamid-adenin-dinucleotid	NAD/NADH
Nicotinamid-adenin-dinucleotid-phosphat	NADP/NADPH
Adenosin-tri-phosphat	ATP

Die Begriffe NAD und NADPH wurden gemäß Empfehlung der IUPAC/IUBMB in der allgemeinen Form angegeben.

Die angegebenen Abkürzungen umfassen jeweils die oxidierte Form NAD^+/$NADH^{++}$ bzw. die reduziere Form NADP/NADPH.

5 Einsatzbereich von Spülverfahren und deren Durchführung

5.1 Allgemeines

Für die Bestimmung des Keimgehaltes auf Flächen, die aufgrund ihrer Größe, Lage oder Zugänglichkeit nicht mit den herkömmlichen direkten Keimnachweisverfahren mittels Tupfer- oder Abklatschverfahren nach DIN 10113 (alle Teile) vorgenommen werden kann, besteht eine methodische Lücke im System der mikrobiologischen Kontrollen.

Spülverfahren eignen sich bspw. für:

– die Erarbeitung von Herstellerangaben zur Reinigung und Desinfektion von Maschinen und Anlagen;

– die Prüfung im Rahmen der Eigenkontrolle durch den Anwender zum Beispiel bei Lebensmittel verarbeitenden Maschinen mit schwer/nicht zugängigen Oberflächen;

BEISPIEL Kaffeemaschinen, Heißgetränkebereiter, Maschinen oder Anlagen mit innenliegenden Rohrleitungen/Schläuchen (Eismaschinen, Getränkeschankanlagen, Milchausgabeautomaten, usw.).

- die Prüfung von Spülgut und weiteren Lebensmittelbedarfsgegenständen mit schwer zugängigen Oberflächen (z. B. Flaschen);
- die erforderliche Prüfung im CIP-Verfahren als spezielles Verfahren in der Lebensmittelindustrie (z. B. Molkereien, Brauereien) und für spezielle Anlagen.

Sofern in begründeten Fällen der Einsatz der sterilen Spülflüssigkeit nicht praktikabel ist, dürfen mikrobiologisch definierte Flüssigkeiten oder Produkte verwendet werden. Deren Auswahl richtet sich dann nach dem Untersuchungsgut und den Zielparametern.

Routinemäßig kommen Tupfer- und Abklatschverfahren für den Nachweis von Keimgehalten auf Oberflächen zum Einsatz und sind die Methoden der Wahl. Das Kriterium der Zugänglichkeit der zu beprobenden Flächen ist aber in einer ganzen Reihe von Anwendungsfällen nicht erfüllt. Mit dieser Norm wird ein weiterer Bereich geöffnet, indem die Norm die Anforderung der Maschinenrichtlinie (Annex I, 2.1.1. und 2.1.2) zur Hygiene methodisch unterlegt und die Betrachtung auf Nahrungsmittelmaschinen mit schwer zugänglichen Oberflächen im Lebensmittelbereich gem. DIN EN 16752-2:2020 erweitert.

Für die Prüfung werden in der Regel sterile Spülflüssigkeiten, wie beispielsweise Ringerlösung oder steriles Peptonwasser, eingesetzt. Für die Prüfung von Lebensmitteln in ihren unterschiedlichen Matrices (lipophile, hydrophobe, halophile, hochosmolare Bedingungen) bilden diese nicht immer vergleichbare Wiederfindungsraten ab oder können sich negativ auf das Zählergebnis auswirken. Auch kann in Prozessströmen die Verwendung von „keimarmen" Produkten in geschlossenen Systemen sinnvoller sein, da die Befüllung mit sterilen Standardflüssigkeiten nicht zweckmäßig ist oder eine Kontamination der Anlage mit Inhaltsstoffen der Spülflüssigkeit sicher ausgeschlossen werden soll.

5.2 Auswahl-/Leistungskriterien der anzuwendenden Verfahren

5.2.1 Übersicht zu den Verfahren

5.2.1.1 Schnellverfahren zur Überprüfung des Hygiene-Zustandes

Neben der visuellen Kontrolle kommen auch Schnellverfahren zur Einschätzung des Hygiene-Zustandes zum Einsatz. Abhängig von der Fragestellung, ob die Restverschmutzung oder die Einschätzung des mikrobiellen Restkeimgehalts (der Produktions-/Begleitflora) vorgenommen wird, kommen für diese Schnellverfahren qualitative und semiquantitative Methoden in Frage. Das Ziel dabei ist die Beschreibung des Hygiene-Zustandes bspw. im Rahmen von

- Systembedingten Spülprozessen,
- Qualitäts-Kontrollen im Rahmen der Prozessführung,
- Zwischenreinigung bei Chargenwechsel gleicher Rohstoffe,
- Vorbereitung von Routine- und Instandhaltungsarbeiten der laufenden Produktion.

ANMERKUNG 1 Beispiele für Schnellverfahren sind: Proteinnachweis, Stärkenachweis, Farbtest auf der Basis von NAD, NADH, NADP, NADPH, ATP-Nachweis, Nachweis von Metaboliten oder Mikroorganismen mittels Impedanz-Verfahren.

ANMERKUNG 2 Aufgrund des breiten Anwendungsbereiches des Dokuments lassen sich das System bzw. dessen Systemgrenzen nicht allgemein beschreiben. Sie hängen vielmehr davon ab, was jeweils im konkreten Fall betrachtet wird. Das System kann also bspw. aus einer gesamten Produktionslinie, aus einem einzelnen Abschnitt einer Anlage, aus einzelnen Komponenten, Ausrüstungsgegenständen oder anderen produktberührten Gegenständen bestehen. Was im konkreten Falls unter „System" verstanden wird, kann erforderlichenfalls in der entsprechenden Verfahrensanweisung oder vertraglich beschrieben oder vereinbart werden.

Für die Anwendung der Norm gab es in den orientierenden Betrachtungen eine große Anzahl an Verfahren, die in der Qualitätssicherung, für die Zwischenreinigung und Instandhaltungsarbeiten zum Screening eingesetzt werden, aber nicht im strengen Sinn als Prüfverfahren gelten können oder diese ersetzen. Schnellverfahren verschaffen einen schnellen Überblick über den

Hygienezustand einer Betrachtungseinheit. Dabei ist für die Aussagekraft der erhobenen Daten eine genaue Beschreibung des Umfangs, des Betriebszustands und der Grenzen der zu prüfenden Untersuchungsobjekte durch den Betreiber und/oder Hersteller vorzunehmen, um Kontaminationsquellen und mögliche Maßnahmen angemessen sicher einleiten zu können.

Schnellverfahren können nur einen orientierenden Hinweis geben (siehe 3.3 *Begriffe*).

Für die Einleitung von Maßnahmen müssen Bewertungsmaßstäbe vorliegen, die für die gewählten Einsatzbereiche gelten sollen. Sie müssen sich auf den spezifischen Einsatzbereich der Schnelltestung beziehen.

5.2.1.2 Bewertende Verfahren

Bewertende Verfahren kommen zur mikrobiologischen Kontrolle des Erfolges von Reinigungs- und Desinfektionsverfahren zum Einsatz. Hierzu muss je nach Anwendungsbereich ein Prüfverfahren definiert werden,

- um die Restkeimbelastung in Spülflüssigkeiten nach durchgeführten Reinigungs- und/oder Desinfektionsmaßnahmen zu ermitteln,
- dass die Höhe der Keimzahlreduzierung einer vorgesehenen Hygienemaßnahme im Vergleich zum Ausgangskeimgehalt zur Validierung von Herstellerangaben bilanziert. Dies erfolgt durch Vergleich der Spülflüssigkeiten vor und nach der Maßnahme,
- welches die mikrobiologisch definierte Flüssigkeit beschreibt, um im Vergleich der ermittelten Keimgehalte in der Flüssigkeit vor und nach dem Einsatz die Wirkung einer Reinigungs- und Desinfektionsmaßnahme zu bewerten,
- um im Rahmen der erforderlichen betrieblichen Eigenkontrollen routinemäßig den Erfolg der durchgeführten validierten Hygienemaßnahmen im betrieblichen Alltag zu überprüfen.

In Abhängigkeit von der Zielstellung der Reinigungs- und Desinfektionsmaßnahme erfolgt die Auswahl der Zielparameter/Zielorganismen für das Spülverfahren.

Dabei müssen mögliche Einflussgrößen auf das Ergebnis wie Anforderungen des Herstellers zur Reinigung- und Desinfektion spezifischer Maschinen-/Anlagenteile, Produktströme und Anlagenzustände (Stilllegung, Instandhaltung, Chargenwechsel), mögliche Biofilmbildungen und wesentliche, störende Einflussgrößen berücksichtigt werden.

Die angewandten, bewertenden Verfahren sind durch ihren Anwendungsbereich bestimmt. Im einfachsten Fall geht es darum, die Anzahl vermehrungsfähiger Keime in Form einer Restkeimbelastung zu bestimmen und mit einem absoluten Keimgehalt in Beziehung zu setzen.

Spezifische Leistungskriterien können angelegt werden, wenn die Reduktionsrate der Keimzahl durch ein vom Hersteller vorgegebenes Reinigungs- und Desinfektionsverfahren im konkreten betrieblichen Einsatz überprüft werden soll. Das spielt beispielsweise eine Rolle bei Prozessen, die mit hohen Keimdichten einhergehen, und der Hygieneerfolg nicht einfach über die erreichte Sterilität bewertet werden kann.

In der Breite der Anwendung von Spülverfahren in der Lebensmittelbranche ist es erforderlich, Spülflüssigkeiten (z.B. in der Getränkeherstellung) so mikrobiologisch zu definieren, dass ihre Zusammensetzung, d.h. ihre Matrix-Einflüsse (Polysaccharide, Polyphenole, Proteasen, Phophatasen, ...) und Ausgangskeimgehalte Vorher-nachher-Vergleiche erlauben und somit die Bedingungen der Keimbesiedelung im Prozess am besten widerspiegeln.

Die Ausführung der Norm zu bewertenden Verfahren hebt auf kulturelle mikrobiologische Nachweisverfahren ab, da sie die gängige Praxis darstellen. Molekularbiologische Verfahren oder der Nachweis von Stoffwechselmetaboliten oder bakterieller Toxine mittels biochemischer, immunologischer, gaschromatographischer, flüssig-chromatographischer bzw. damit gekoppelter massenspektroskopischer Methoden sind ebenfalls denkbar.

Die eingesetzten Verfahren müssen für den Anwendungsbereich der Spülverfahren validiert sein.

Als Zielparameter/Zielorganismen können

- pathogene Keime,
- Hygieneindikatorkeime und Biofilmbildner,
- unerwünschte, den Herstellungsprozess beeinflussende Keime,
- die aerobe mesophile Keimzahl oder
- andere prozessspezifische Mikroorganismen

festgelegt werden.

Für die Bewertung der Ergebnisse des Spülverfahrens muss ein Bewertungsmaßstab für die ausgewählten Zielparameter/Zielorganismen festgelegt werden. Dies ist in der Regel die Nachweisgrenze des mikrobiologischen Verfahrens oder die unbedenkliche Keimzahl für die Lebensmittelsicherheit und den Herstellungsprozess.

Die Festlegung der Zielparameter sollte sehr sorgfältig bedacht und unter Zuziehung mikrobiologischen Sachverstandes erfolgen. Zielparameter müssen auf den jeweiligen Herstellungsprozess abgestimmt sein. Die für die Herstellung und Qualität der Lebensmittel relevanten, pathogenen und produktschädigenden oder verderbniserregenden Mikroorganismen müssen hier in Betracht gezogen und ihre biologischen Eigenschaften in der Entwicklung und Validierung des Spülverfahrens berücksichtigt werden (z.B. Temperatur, Tenazität, Biofilmbildung, Gasbildung).

Für den Nachweis der Regelkonformität, d.h. das Erreichen bestimmter mikrobiologischer Kriterien zur Lebensmittelsicherheit, ist unter Umständen bezüglich der methodischen Kenngrößen (Sensitivität und Spezifizität) eine andere Analytik und Bewertung erforderlich.

Mit einem bilanzierten Spülverfahren kann der Erfolg der Desinfektionsmaßnahme anhand der Ergebnisse der Keimzahlreduktion bewertet werden. Dabei sollten Bewertungsmaßstäbe wie zum Beispiel aus Vorschriften, Richt- und Warnwerte, Normen usw. zugrunde gelegt werden. Die Dokumentation der Daten ermöglicht es, die Erfüllung der betreffenden Anforderungen der Lebensmittelsicherheit zu belegen.

Keimzahlreduktionen werden üblicherweise in Stufen des dekadischen Logarithmus (log-10 Stufen) ausgewiesen, d.h. eine Keimzahlreduzierung um den Faktor 10.

Reinigungsverfahren erreichen Werte von 2-log bis 3-log Stufen-Reduktion. Für desinfizierende Verfahren sind Reduktionsraten im Bereich von 5-log Stufen und höher möglich. Abhängig vom Herstellungsprozess und der Anwendung bzw. weiteren Verwendung und Vermarktung der Lebensmittel sind hier unterschiedlich hohe Anforderungen einzuhalten.

Die erreichte Keimzahlreduktionsrate muss vor dem Hintergrund der verbliebenen absoluten Keimzahl und den darin vorkommenden Keimen und insbesondere in Hinblick auf das zu erreichende Desinfektionsziel bewertet werden. Die Bewertung kann aber auch auf sich anschließende Maßnahmen bzw. Freigaben abzielen.

Neben der Bestätigung des erwünschten Erfolgs der Hygienemaßnahme können bei Abweichung im Ergebnis weitere Bewertungsschritte definiert werden, wie z. B.:

- Ziel der Reinigungs-/Desinfektionsmaßnahme nicht erreicht, Durchführung der Hygienemaßnahme prüfen; oder
- Ziel der Reinigungs-/Desinfektionsmaßnahme nicht erreicht, Gerät/Maschine/System sperren und unmittelbar neue Hygienemaßnahme einleiten und deren Erfolg kontrollieren.

5.2.2 Anforderungen an die Validierung/Verifizierung der Verfahren

Spülverfahren und die dafür ausgewählten Zielparameter/Zielorganismen müssen validiert werden.

ANMERKUNG Hierzu können entsprechende Normen für mikrobiologische Zähl- und Nachweisverfahren herangezogen werden.

Im Rahmen der betrieblichen Eigenkontrollen muss die Verifizierung durch den Anwender auf Basis der durch den Hersteller vorgegebenen Hygiene- und Prüfverfahren erfolgen.

Als Anforderungen an Test- und Prüfverfahren sollten mindestens nachfolgende Kriterien geprüft und berücksichtigt werden:

- Anwendungsbereich des Test- und Prüfverfahrens;
- Prozessbeschreibung;
- Parameter der Prozessführung;
- Störgrößen und Matrixeffekte;
- Probenahmeverfahren;
- Aufbau, Durchführung und Grenzen des analytischen Verfahrens;
- Validierung und Verifizierung;
- Prüfprotokoll;
- Gültigkeitsdauer der Prüfung;
- Angewandte Norm;
- Anforderung an die Qualifikation der Prüfeinrichtung;
- Hinweise zu Intervall und Durchführung einer Verifikation durch den Anwender.

Für die Anwendung von Spülverfahren muss deren Validierung vorausgesetzt werden, damit die Aussagekraft der Daten für das Spülverfahren in der konkreten Anwendung gesichert und bestätigt ist. Erst auf Basis validierter Verfahren können die erhobenen Daten übergreifend verglichen und, wo notwendig, weiter standardisiert werden. Die Validierung bildet die Grundlage dafür, dass die Ergebnisse eines angewandten Spülverfahrens sicher für die Beurteilung der resultierenden Daten im Sinne des Anwendungszwecks eingesetzt werden können.

Die Verifizierung umfasst das Vorgehen des Betreibers in der Anwendung von Spülverfahren in der Praxis. Die betrieblichen Einflüsse und die korrekte Umsetzung des Spülverfahrens werden bewertet und die Erfüllung der dafür notwendigen Voraussetzungen und die korrekte Durchführung bestätigt.

6 Durchführung eines Spülverfahrens

6.1 Prinzip

Zur Bestimmung des (Rest-)Keimgehaltes, bspw. nach Reinigung und Desinfektion, in geschlossenen Systemen, Schläuchen oder Rohrleitungen, Flaschen, Gläsern oder auf Kleinteilen, die mit dem Tupfer oder Abklatschmedium nicht erreichbar sind, wird das Spülverfahren eingesetzt. Dabei handelt es sich um eine indirekte Keimnachweismethode.

Wenn an schwer zugängigen Stellen oder in Leitungen der direkte Keimnachweis mittels Tupfer- oder Abklatschverfahren nicht möglich ist, dann ist die Methode der Wahl der indirekte Keimnachweis über Spülverfahren. Hierbei wird in der Regel eine sterile Spülflüssigkeit verwendet, in die die Restkeime beim Abspülen der Flächen suspendieren. Im Labor erfolgt die mikrobiologische Untersuchung der Spülflüssigkeit, die Rückschlüsse auf die Keimbelastung auf den Flächen erlaubt. Es handelt sich also um eine indirekte Keimnachweismethode.

Die zu untersuchenden Flächen oder Kleinteile werden mit einer definierten Menge einer sterilen Flüssigkeit umspült. Die mit dieser Flüssigkeit abgespülten Keime werden im mikrobiologischen Labor qualitativ und/oder quantitativ bestimmt.

Zielparameter können neben der aeroben mesophilen Keimzahl bspw. weitere Hygieneindikatorkeime, pathogene oder biofilmbildende Keime beziehungsweise, Hefen oder Schimmelpilze sein.

Die Auswahl der Keime, die für die Bewertung der Keimbelastung beispielsweise nach Reinigungs- oder/und Desinfektionsmaßnahmen herangezogen werden, richtet sich nach dem zu kontrollierenden Lebensmittelbereich sowie der Zielstellung der mikrobiologischen Untersuchung. Dabei stehen immer Fragen der Lebensmittelsicherheit im Hauptfokus.

6.2 Verbrauchsmaterialien, Reagenzien, Nährmedien und Geräte

Verbrauchsmaterialien, Reagenzien, Nährmedien und Geräte zum Nachweis der mikrobiologischen Zielparameter ergeben sich aus den Standardmethoden zum Nachweis der Keime.

ANMERKUNG Zur Ausschaltung der Nachwirkung von Reinigungs- und Desinfektionsmittelrückständen kann es sinnvoll sein, der Spülflüssigkeit Neutralisationsmittel nach DIN EN ISO 18593 zuzusetzen.

Durch die Verwendung von Neutralisationsmitteln in der Spülflüssigkeit werden mögliche Reste aus Reinigungs- bzw. Desinfektionsmittellösungen inaktiviert. Das Nachwirken von Reinigungs- und Desinfektionsmittelrückständen würde das Ergebnis der mikrobiologischen Untersuchung insofern verfälschen, als dass zu wenige Keime nachweisbar wären.

Für die Laboruntersuchungen sollten die üblichen mikrobiologischen Laborgeräte in Übereinstimmung mit DIN EN ISO 7218 verwendet werden.

Jedes mikrobiologische Prüflabor, das für die hierfür nötigen Laboruntersuchungen akkreditiert ist, richtet sich nach den vorgegebenen Normen und Methoden. Daher ist eine Zusammenarbeit für die Untersuchungen mit einem akkreditierten Prüflabor unumgänglich, um auch aussagefähige Ergebnisse für die Bewertung des (Rest-)Keimgehalts zu erhalten.

6.3 Probenahme

6.3.1 Allgemeines

Generell sollte das Spülverfahren erst nach Abschluss der zu überprüfenden Hygienemaßnahme, die das Nachspülen einschließt, durchgeführt werden.

Es ist wichtig, dass das Labor eine Probe erhält, die für die untersuchte Oberfläche repräsentativ ist und nicht während des Transports, der Lagerung oder durch Reinigungs- oder Desinfektionsmittelrückstände verändert wurde. Transport und Lagerung müssen so erfolgen, dass es zu keiner Kontamination und/oder zu keiner ungewollten Keimvermehrung kommen kann. Rückstände von Reinigungs- oder Desinfektionsmitteln müssen vor der Entnahme einer Spülprobe minimiert werden. Außerdem kann es erforderlich sein, der Spülflüssigkeitsprobe ein Neutralisationsmedium zuzusetzen.

Eine fachgerechte Entnahme der Proben ist entscheidend für einen repräsentativen mikrobiologischen Untersuchungsbefund. Daher ist es empfehlenswert, alle Details der Probenahme in einer Arbeitsanweisung zu beschreiben. Um diese dann in der Praxis richtig umzusetzen, ist eine spezielle Schulung der Person, die die Proben entnimmt, angezeigt. Eine rechtzeitige Zusammenarbeit mit dem für die mikrobiologischen Untersuchungen beauftragten Labor ist ebenfalls zu empfehlen. Das betrifft auch die Bestellung aller für die Probenahme notwendigen Geräte und Utensilien. Dabei sollte auch an das Formular für den Probenbegleitschein gedacht werden.

Für das Auffangen der Spülflüssigkeitsprobe müssen sterile Probenahmegefäße verwendet werden. Für die mikrobiologische Untersuchung werden im Allgemeinen Nennvolumen von mindestens 100 ml bis 250 ml verwendet.

Auch an dieser Stelle sei auf die rechtzeitige Kontaktaufnahme zum Prüflabor verwiesen. Dieses weiß auch am besten, was für Gefäße benötigt werden und stellt diese zur Verfügung.

Von dem Spülverfahren, insbesondere der verwendeten Spülflüssigkeit, darf keine Kontamination für Lebensmittel ausgehen, ggf. muss zum Beispiel mit Trinkwasser nachgespült werden.

Es muss ausgeschlossen werden, dass eine nachteilige Beeinflussung des Lebensmittels in der nachfolgenden Produktion durch die untersuchten Bereiche erfolgt. Im Einzelfall ist daher über ein erneutes Nachspülen mit Trinkwasser zu entscheiden.

Weitere Informationen zu Probenahmetechniken sind in Anhang A (informativ) zu finden.

6.3.2 Probenahmestelle

Die Auswahl der Probenahmestellen sollte risikobasiert erfolgen und die Wahrscheinlichkeit der mikrobiellen Kontamination schwer zugänglicher Bereiche sowie der damit verbundenen Beeinträchtigung der Lebensmittelsicherheit berücksichtigen.

Eine mikrobielle Kontamination ist besonders in Bereichen zu erwarten, die schwer zugänglich sind für Hygienemaßnahmen und/oder häufig Orte der Biofilmbildung sind. Daher sollten hier gezielt mikrobiologische Untersuchungen durchgeführt und Probenahmestellen geplant werden.

Die Auswahl richtet sich auch danach, ob es sich um die Kontrolle spezifischer Flächen bzw. Geräte handelt oder aber ob es um den Nachweis der Wirksamkeit eines gesamten Prozesses geht.

Beispiele, bei denen ein Spülverfahren zur Beprobung eingesetzt wird:

- Schläuche;
- Flaschen, enghalsige Gläser, Becher;
- Kleinteile in geschlossenen Systemen wie Dichtungen, Ventile usw.;
- schwer zugängliche Teile in Kaffee-, Eismaschinen, Sahneaufschlagmaschinen, Getränkeschankanlagen;
- Kleinteile die nicht mittels Tupfer- oder Kontaktverfahren geprüft werden können;
- Rohrleitungen in geschlossenen Systemen.

In Abhängigkeit von den zu beprobenden Bereichen und abhängig vom Anlass der Kontrollen sind die Probenahmeorte zu bestimmen. Auch hier ist eine Absprache mit dem mikrobiologischen Prüflabor sehr hilfreich, um Art und Menge der Spülflüssigkeit sowie die Probenahmegefäße richtig auszuwählen.

6.3.3 Zeitpunkt der Probenahme und Probenahmehäufigkeit

Die Probenahme erfolgt nach Abschluss der Hygienemaßnahme. Routinemäßige Probenahmen sollten geplant (Probenplan) werden. Weitere Probenahmen sollten für spezielle Hygienesituationen, wie z.B. bei Produktmängeln vorgesehen werden.

Wichtig ist, dass die Probenahme erst nach Abschluss der Hygienemaßnahme erfolgt. Dazu gehört auch das „Abwarten" nach dem Nachspülschritt mit Trinkwasser bzw. Wasser dieser Qualität.

Im Rahmen der betrieblichen Eigenkontrollen empfiehlt es sich, einen Probenplan für routinemäßige Kontrollen beispielsweise zum Nachweis der Wirksamkeit von Reinigungs- und Desinfektionsmaßnahmen zu erstellen. Außerdem können Kontrollen aus besonderem Anlass notwendig werden. Beispiele dafür wären mikrobiologische Probleme bei den Lebensmitteln oder Produkt- bzw. Verfahrensumstellungen im Reinigungs- und Desinfektionsregime.

6.3.4 Protokoll zur Probenahme

Die Probenahme muss durch ein Protokoll dokumentiert werden. Hier müssen detaillierte Angaben für die eindeutige Zuordnung der Proben zum Entnahmeort, zum Anlass der Entnahme und zur Entnahmetechnik hinterlegt werden. Auch Angaben zum Datum und zur probenehmenden Person werden auf dem Probenbegleitschein erfasst.

Ein Probenbegleitprotokoll ist ein wichtiges Dokument zur Probenahme, mit dem eine eindeutige Zuordnung der Proben und die Verantwortlichkeit des Probenehmers nachweisbar sind.

Für den Probenbegleitschein sollte ein Formular als Vorgabedokument in der betrieblichen Dokumentation der Eigenkontrollen erstellt werden. Außer Angaben zum Datum und Probenehmer gehören beispielsweise noch dazu: Anlass der Untersuchungen, zu untersuchende Keimgruppen, Bereich der Probenahme, Probennummer und Bezeichnung der Probenahmestelle, Bemerkungen über Auffälligkeiten, Unterschrift des Probenehmers.

6.3.5 Probenlagerung und Transport

Grundsätzlich gilt, dass die Proben so schnell wie möglich der mikrobiologischen Prüfung zugeführt werden sollten. Die Proben müssen nach der Entnahme unverzüglich gekühlt und während des gesamten Transports kühl gelagert werden. Geeignete Temperaturen dafür liegen zwischen 1 °C bis 7 °C.

Das unverzügliche Kühlhalten der Proben bis zu ihrem schnellstmöglichen Eintreffen im Labor ist unabdingbar, damit es zu keiner Vermehrung der Keime in der Spülflüssigkeit kommt. Das würde zu falschen Ergebnissen führen. Dabei ist eine Keimvermehrung nicht auszuschließen, die zu höheren Keimzahlen bei der Auswertung führt. Man muss auch wissen, dass ein akkreditiertes Prüflabor solche Proben entweder gar nicht annimmt oder aber die Auswertung mit einer entsprechenden Klausel belegt (Disclaimer).

Anhang A (informativ)

Probenahmetechniken

A.1 Allgemeines

Die Auswahl der Probenahmetechnik richtet sich nach der Art der zu prüfenden Flächen bzw. Objekte.

A.2 Keimzahlbestimmung in Leitungen

Für die Keimzahlbestimmung in Leitungen wird ein ausreichendes Nennvolumen einer sterilen Spülflüssigkeit bzw. mikrobiologisch definierte Flüssigkeiten oder Produkte (siehe 4.15.1) benötigt. Die Volumengröße der Spülflüssigkeit richtet sich nach dem Prüfobjekt.

A.3 Keimzahlbestimmung in Flaschen

Die Keimzahlbestimmung in Flaschen und enghalsigen Gläsern erfolgt üblicherweise mit der Flaschen-Spül-Methode. Dabei werden bei Verpackungen zwischen 150 ml und 1 000 ml ca. 20 ml bis 150 ml einer sterilen Spülflüssigkeit (siehe 4.15.1) in Flaschen gefüllt. Nach Verschließen der Flaschen mit einem sterilen Verschluss werden die Flaschen ausgeschüttelt und danach einige Minuten stehen gelassen. Die Ausspülflüssigkeit wird in sterile Probengefäße (bspw. Erlenmeyerkolben) überführt und der mikrobiologischen Untersuchung zugeführt.

A.4 Keimzahlbestimmung Kleinteile

Hierfür findet das Abschwemmverfahren Anwendung. Hierbei werden die Keime auf Kleinteilen mittels einer sterilen Spülflüssigkeit (siehe 4.15.1) abgeschwemmt. Dazu werden die Kleinteile in einen sterilen Behälter (Probenahmegefäß), der die sterile Abspülflüssigkeit enthält, gelegt und geschüttelt. Das Abspülen der Keime kann auch mit Hilfe eines Ultraschallbades erfolgen.

Literaturhinweise

DIN 6653-3, *Getränkeschankanlagen – Ausrüstungsteile – Teil 3: Anforderungen an manuelle Gläserspülgeräte mit räumlich getrennter Vorspülung und Nachspülung*

DIN 10115, *Grundlagen des Nachweises und der Bestimmung von Mikroorganismen mittels Impedanz-Verfahren*

DIN 10510, *Lebensmittelhygiene – Gewerbliches Geschirrspülen mit Mehrtank-Transportgeschirrspülmaschinen – Hygienische Anforderungen, Verfahrensprüfung*

DIN 10511, *Lebensmittelhygiene – Gewerbliches Gläserspülen mit Gläserspülmaschinen – Hygienische Anforderungen, Prüfung*

DIN 10512, *Lebensmittelhygiene – Gewerbliches Geschirrspülen mit Eintank-Geschirrspülmaschinen – Hygienische Anforderungen, Typprüfung*

DIN 10522, *Lebensmittelhygiene – Gewerbliches maschinelles Spülen von Mehrwegkästen und Mehrwegbehältnissen für unverpackte Lebensmittel – Hygieneanforderungen, Prüfung*

DIN EN 1672-2, *Nahrungsmittelmaschinen – Allgemeine Gestaltungsleitsätze – Teil 2: Anforderungen an Hygiene und Reinigbarkeit*

DIN EN ISO 7218:2014-09, *Mikrobiologie von Lebensmitteln und Futtermitteln – Allgemeine Anforderungen und Leitlinien für mikrobiologische Untersuchungen (ISO 7218:2007 + Amd 1:2013, korrigierte Fassung 2014-04-15); Deutsche Fassung EN ISO 7218:2007 + A1:2013*

DIN EN ISO 11133, *Mikrobiologie von Lebensmitteln, Futtermitteln und Wasser – Vorbereitung, Herstellung, Lagerung und Leistungsprüfung von Nährmedien*

DIN EN ISO 14159, *Sicherheit von Maschinen – Hygieneanforderungen an die Gestaltung von Maschinen*

DIN EN ISO 16140 (alle Teile), *Mikrobiologie der Lebensmittelkette – Verfahrensvalidierung*

DIN EN ISO 18593, *Mikrobiologie der Lebensmittelkette – Horizontales Verfahren für Probenahmetechniken von Oberflächen*

Verordnung über die Qualität von Wasser für den menschlichen Gebrauch (Trinkwasserverordnung – TrinkwV) vom 10. März 2016, BGBl I, 2016, Nr. 12, S. 459